Anfangsgründe

der

höheren Arithmetik,

dargestellt

von

Dr. Ferdinand Minding,
Privatdocenten an der Universität zu Berlin.

Berlin, 1832.
Gedruckt und verlegt
bei G. Reimer.

Vorrede.

Ohne Zweifel werden viele Freunde der Mathematik mir darin beistimmen, daß die in neuern Zeiten so sehr entwickelte Zahlenlehre, neben den übrigen mathematischen Kenntnissen, allgemeiner verbreitet zu sein verdient, als sie bisher gewesen ist, und daß sie sich, durch ihre Strenge wie durch ihre Klarheit, als Gegenstand des mathematischen Unterrichtes ganz vorzüglich empfiehlt. Diese Betrachtung bewog mich zur Abfassung des vorliegenden Buches, in welchem ich bemüht gewesen bin, die Anfangsgründe der höheren Arithmetik, zwar mit Kürze und Präcision, doch zugleich auf eine leicht faßliche Weise darzustellen. Indem ich die Untersuchungen über unbestimmte Aufgaben höherer Grade im Allgemeinen bei Seite setzte, bin ich bei der Theorie der quadratischen Formen stehen geblieben, und selbst in Bezug auf diese habe ich nicht Alles erschöpft, was bisher geleistet worden. Indessen hoffe ich, daß es demjenigen Leser, welcher sich mit dem Inhalte dieses

Buches vertraut gemacht hat, nicht schwierig sein wird, aus den bekannten Hauptwerken über Zahlenlehre sich weiter zu unterrichten; und ich sehe meinen Zweck als völlig erreicht an, wenn es mir gelingt, das Interesse an dieser Wissenschaft weiter zu verbreiten, und den Anfang in derselben zu erleichtern.

Die beigefügte historische Notiz wird denjenigen meiner Leser nicht unwillkommen sein, welche weniger Gelegenheit haben, mit der Geschichte der Mathematik sich vertraut zu machen.

Berlin im Juli 1831.

Der Verfasser.

Inhalt.

Seite.

Einleitung.

1. Erklärung. Eine Zahl, welche bloß durch Wiederholung der Einheit entsteht (eine Anzahl von Einheiten) heißt eine ganze Zahl.

Wird die Einheit in eine bestimmte Anzahl gleicher Theile getheilt, so ist eine Anzahl solcher Theile eine gebrochene Zahl.

Die ganzen und gebrochenen Zahlen heißen auch gemeinschaftlich rationale Zahlen, weil sie in einem angebbaren Verhältniß zu der Einheit oder den Theilen derselben stehen; jede andere Zahl heißt irrational.

Die Algebra beschäftigt sich mit der Zahl im Allgemeinen, die Arithmetik (Zahlenlehre im engern Sinne) beschränkt den Zweck ihrer Untersuchungen auf rationale und meist auf ganze Zahlen. Sie unterscheidet die letztern nach verschiedenen Gesichtspuncten in Klassen, lehrt die Eigenschaften dieser Klassen kennen, und endlich rationale, meist sogar ganze Zahlen finden, welche gegebenen Bedingungen Genüge leisten.

Die Auflösung der zuletzt erwähnten Art von Aufgaben macht denjenigen Theil der Arithmetik aus, welchen man auch die unbestimmte Analysis (analysis indeterminata) zu nennen pflegt. Der Grund dieses Namens liegt in dem Umstande, daß oft mehrere, ja sogar unendlich viele verschiedene rationale Zahlen den Bedingungen der Aufgabe genügen.

2. Obgleich im Folgenden die ersten Elemente der Arithmetik gänzlich als bekannt vorausgesetzt werden sollen, so

wird es doch nicht überflüssig sein, über die ganzen Zahlen einige Sätze mit strengen Beweisen vorauszuschicken, welche die Grundlage der gesammten Arithmetik bilden.

Lehrsatz. Die Ordnung der Factoren eines Products aus mehreren ganzen Zahlen ist für das Product gleichgültig.

Beweis. Man nehme zuerst ein Product aus zwei Factoren a und b, so ist leicht einzusehen, daß a Einheiten b mal gesetzt, dieselbe Zahl ausmachen, wie b Einheiten a mal gesetzt. Denn man schreibe a Einheiten in eine horizontale Reihe und wiederhole diese Reihe b mal, so hat man $a.b$ Einheiten gesetzt; zugleich aber ist hiermit auch eine Verticalreihe von b Einheiten a mal gesetzt, also ist $a \times b = b \times a$.

Soll ferner das Product ab mit c multiplicirt werden, so hat man, indem man den für 2 Factoren als gültig anerkannten Satz anwendet $ab \times c = ba \times c = c \times ab = c \times ba$. Es ist also nur nachzuweisen, daß der Factor c auch in die Mitte gesetzt werden darf. Man schreibe die Zahl c a mal in eine Horizontalreihe und wiederhole dieselbe b mal, wie folgendes Schema zeigt:

$$\begin{matrix} c & c & c & c & c \\ c & c & c & c & c \\ c & c & c & c & c \end{matrix}$$

so ist klar, daß man hiermit sowohl die Zahl c ab mal gesetzt hat, als die Zahl ca b mal oder cb a mal, also ist $c \times ab = ca \times b = ac \times b$, was zu beweisen war.

Nun nehmen wir an, der Satz sei für n und weniger als n Factoren bewiesen, so wird sich ergeben, daß er auch für $n+1$ Factoren gelten muß.

Denn es sei $P = abcd \ldots. klm$ ein Product aus n Factoren, zwischen welchen ein neuer Factor z eingeschoben werden möge, so daß $Q = abc \ldots. z \ldots. lm$ ein Product aus $n+1$ Factoren ist. Das Product Q läßt sich in die beiden Factoren m und $abc \ldots. z \ldots. l$ zerlegen, von denen der zweite aus n Factoren besteht. Auf diesen läßt sich also die Voraussetzung des Satzes anwenden, wodurch man erhält $abc\ldots z\ldots l = abc\ldots lz = abc\ldots l\times z$. Folglich ist $Q = abc\ldots l\times z\times m = abc\ldots l\times m\times z = abc\ldots lm\times z = P\times z$, also $Q = Pz$, d. h. an welcher Stelle man auch den neuen Factor z zwischen die Factoren von P einschieben möge, das Product Q ist immer das $z$fache von P.

Da nun der Satz für 2 und 3 Factoren gilt, so gilt er auch für 4, 5, 6. u. s. w. Factoren und also allgemein für jede beliebige Anzahl von Factoren.

Zusatz. Wird ein Product aus ganzen Zahlen durch einen oder mehrere seiner Factoren dividirt, so ist der Quotient gleich dem Producte der übrigen Factoren.

In einem Producte aus mehreren Factoren kann man beliebige derselben zu einem einzigen Factor des ganzen Products verbinden.

3. Ist eine Zahl a ein Vielfaches von einer kleineren b, so heißt a durch b ohne Rest theilbar, oder schlechthin theilbar. Die Zahl b ist alsdann ein Factor von a. Haben nun die beiden Zahlen a und c den gemeinschaftlichen Factor b, so hat auch ihre Summe $a+b$ und ihre Differenz $a-b$ diesen Factor, wie leicht einzusehen.

Erklärung. Zwei ganze Zahlen, welche außer der Einheit keinen gemeinschaftlichen Factor haben, heißen relative Primzahlen.

Zusatz. Zwei in der Reihe der natürlichen Zahlen 1, 2, 3, 4, 5, 6. u. s. w. unmittelbar aufeinander folgende, sind relative Primzahlen; denn wären die beiden Zahlen a und $a+1$ durch eine dritte b beide zugleich theilbar, so wäre auch ihre Differenz 1 durch b theilbar; also kann der gemeinschaftliche Factor b nur gleich 1 sein.

4. Erklärung. Eine Zahl, welche durch keine kleinere mit Ausnahme der Einheit ohne Rest theilbar ist, heißt eine absolute Primzahl oder schlechthin eine Primzahl, eine einfache Zahl. Jede andere Zahl heißt eine zusam-

mengesetzte und ist nothwendig ein Product aus mehreren Primzahlen.

5. Lehrsatz. Sind zwei Zahlen a und b durch eine Primzahl p beide nicht theilbar, so ist auch ihr Product $a \times b$ durch p nicht theilbar.

Beweis. Sind beide oder ist nur eine der beiden Zahlen a und b größer als p, so kann man die darin enthaltenen Vielfachen von p weglassen, und es muß das Product der Reste, welche man mit a' und b' bezeichne, durch p theilbar sein, wenn es das Product ab ist. Denn es gebe a mit p dividirt, den Quotienten n, und den Rest a', und b mit p dividirt, den Quotienten m, Rest b'. Alsdann ist $a = pn + a'$, folglich $ab = pbn + a'b$, folglich $a'b$ durch p theilbar, wenn ab es ist. Nun ist $b = pm + b'$, also $a'b = pa'm + a'b'$, also auch $a'b'$ durch p theilbar. — Man dividire mit dem Reste a' in die Zahl p, der Quotient sei q und der Rest a''; so ist a'' kleiner als a' und $p = a'q + a''$. Multiplicirt man diese Gleichung mit b', so ergiebt sich

$$pb' = a'b'q + a''b'.$$

Da nun $a'b'$ nach der Voraussetzung durch p theilbar ist und pb' offenbar ebenfalls, so ist es auch das Product $a''b'$. Dividirt man mit a'' in p, so finde sich der Rest a''' und der Quotient q', so daß

$$p = a''q' + a''' \quad \text{und} \quad a''' < a''.$$

Multiplicirt man wieder mit b', so folgt:

$$pb' = a''b'q' + a'''b',$$

und weil $a''b'$, so wie pb' durch p theilbar sind, so ist es auch $a'''b'$. Auf diese Weise fortfahrend erhält man eine Reihe von abnehmenden Zahlen $a'a''a'''$ etc., welche sämmtlich kleiner als p und so beschaffen sind, daß wenn $a'b'$ durch p theilbar ist, auch $a''b'$, $a'''b'$ .... durch p theilbar sein müssen. Da nun die abnehmenden positiven Zahlen $a'a''$.... nothwendig bis auf 0 herabsteigen müssen, so muß die letzte derselben in p aufgehen, und da p eine Primzahl ist, so kann dieselbe nur $= 1$ sein. Folglich muß $1 \times b'$ oder b' durch p ohne Rest theilbar sein, was aber offenbar deshalb nicht möglich, weil nach der Voraussetzung b' kleiner ist als p. Folglich kann die Annahme, daß $a'b'$ oder ab durch p ohne Rest theilbar sei, während weder a noch b durch p theilbar sind, ohne Widerspruch nicht bestehen; was zu beweisen war.

Zusatz 1. Jede zusammengesetzte Zahl läßt sich nur auf eine Art in Primzahlen zerlegen, vorausgesetzt, daß man auf die Ordnung der Factoren keine Rücksicht nimmt.

Beweis. Die Zahl P sei ein Product der Primzahlen $abcd \ldots.$, so kann sie nicht durch eine Primzahl p ohne Rest getheilt werden, wofern nicht wenigstens einer der Factoren a, b, c, d der Primzahl p gleich ist. Wäre das Gegentheil der Fall, also $abcd$ durch p theilbar, so müßte es einer der Factoren dieses Products a oder bcd sein. Nun ist es a nicht, also muß bcd durch p theilbar sein, und da b es nicht ist, so muß es cd sein. Es ist aber weder c noch d durch p theilbar; folglich ist überhaupt die Zahl P durch p nicht theilbar.

Zusatz 2. Jede Zahl ist entweder eine Primzahl, oder ein Product aus mehreren Primzahlen. Sind alle diese Primzahlen einander gleich, so ist die Zahl eine Potenz einer Primzahl, wie z. B. 9, 27, 81, und dergl. Sind diese Primzahlen aber nicht alle einander gleich, so ist die Zahl im Allgemeinen ein Product aus Potenzen mehrerer ungleicher Primzahlen; z. B. $3^4 . 5^2 . 7^2$.

Bezeichnet man also mit a, b, c, d ungleiche Primzahlen, und mit α, β, γ, $\delta \ldots.$ positive ganze Exponenten, so ist jede Zahl ein Product wie: $a^\alpha b^\beta c^\gamma d^\delta \ldots.$

Sind alle Exponenten α, β, γ, $\delta \ldots.$ der Einheit gleich, so ist die Zahl $abcd \ldots.$ ein Product ungleicher Primzahlen.

Sind alle Exponenten α, β, γ, $\delta \ldots.$ Vielfache von einer und derselben Zahl n, so ist die Zahl $a^\alpha b^\beta c^\gamma \ldots.$ ein

Product aus n gleichen Factoren, nemlich $\left(a^{\frac{\alpha}{n}} . b^{\frac{\beta}{n}} . c^{\frac{\gamma}{n}} \ldots\right)$, und folglich eine $n$te Potenz einer andern ganzen Zahl.

Sind z. B. die Exponenten α, β, $\gamma \ldots$ alle grade, so ist die Zahl $a^\alpha b^\beta c^\gamma \ldots$ ein Quadrat; sind sie alle durch 3 theilbar, so ist die Zahl eine dritte Potenz oder ein Cubus u. s. f.

Ist einer oder mehrere der Exponenten α, β, γ, $\delta \ldots$ nicht durch n theilbar, so ist auch die Zahl $A = a^\alpha b^\beta c^\gamma \ldots$ nicht die $n$te Potenz irgend einer ganzen Zahl.

Soll eine Zahl $A = a^\alpha b^\beta c^\gamma \ldots$ durch eine andere $B = a^{\alpha'} b^{\beta'} c^{\gamma'} \ldots$ theilbar sein, so muß nicht allein B nur solche Primfactoren enthalten, die in A vorkommen, sondern auch die Exponenten α', β', γ' dieser Primfactoren dürfen nicht größer sein, als die entsprechenden Exponenten α, β, γ, d. h. α' nicht größer als α, u. s. f.

Ein Product aus ungleichen Primfactoren ist daher durch kein Quadrat theilbar.

Theilt man ein Product aus ungleichen Primfactoren beliebig in zwei Factoren, so sind diese beiden Factoren relative Primzahlen.

6. Zusatz 1. Ist c eine relative Primzahl gegen a, und ab durch c theilbar, so ist b durch c theilbar.

Denn setzt man den Quotienten $\frac{ab}{c} = p$, so ist $ab = cq$. Ist nun $c = m^\alpha n^\beta \ldots$ wo m, n, u. s. f. ungleiche Primzahlen sind, so muß ab durch m^α theilbar sein, und weil a den Factor m gar nicht enthält, muß b denselben, und zwar wenigstens auf der Potenz α enthalten; eben so muß b den Factor n^β enthalten, u. s. f.

Zusatz 2. Ist eine Zahl A durch jede von zwei relativen Primzahlen a und b theilbar, so ist sie auch durch ihr Product ab theilbar.

Beweis. Nach der Voraussetzung ist $A = A'a$, A' eine ganze Zahl; dividirt man A mit b, so kommt $\frac{A}{b} = \frac{A'a}{b}$, ebenfalls nach der Voraussetzung eine ganze Zahl. Da nun b relative Primzahl gegen a ist, so muß A' durch b theilbar sein. Setzt man also $\frac{A'}{b} = B$, so ist $A = Bab$, durch ab theilbar, w. z. b. w.

7. Aufgabe. Den größten gemeinschaftlichen Factor zweier Zahlen zu finden.

Auflösung. Es sei a die größere, b die kleinere Zahl, man dividire mit b in a, der Quotient sei q, der Rest r, so ist

$$a = bq + r.$$

Ist nun f der größte gemeinschaftliche Factor von a und b, so ist auch r durch f theilbar und f der größte gemeinschaftliche Factor von b und r. Denn gäbe es einen größern gemeinschaftlichen Factor von b und r, $f' > f$, so wäre auch a durch f' theilbar und folglich f' gemeinschaftlicher Factor von a und b, was nicht der Fall ist. — Der größte gemeinschaftliche Factor des Divisors und Dividendus ist also zugleich der größte gemeinschaftliche Factor des Divisors und Restes.

Es werde nun r mit b dividirt, der Quotient sei q' der Rest r', so daß sich ergiebt:

$$b = rq' + r;$$

fährt man weiter fort, mit jedem gefundenen Reste r' in den vorigen r' zu dividiren, so erhält man

$$r = r'q'' + r'',$$
$$r' = r''q''' + r''', \text{ etc.}$$

und f ist der gemeinschaftliche Factor von a und b, b und r, r und r', r' und r'', r'' und r''', etc. Da nun die Zahlen r, r', r'', r''' eine abnehmende Reihe bilden, so muß man durch Fortsetzung des angezeigten Verfahrens nothwendig auf einen Rest kommen, welcher in dem vorhergehenden aufgeht, mit dem daher das Verfahren sein Ende erreicht hat. Dieser Rest ist der größte gemeinschaftliche Factor der Zahlen a und b.

Anmerk. Ist derselbe 1, so sind die beiden Zahlen relative Primzahlen.

8. Erklärung. Zwei ganze Zahlen a und b, deren Differenz durch eine dritte c (ohne Rest) theilbar ist, heißen congruent nach dem Modul (modulus) c. Das Zeichen der Congruenz (welches, nebst den Namen, zuerst von Gauß in den Disquisitionibus Arithmeticis eingeführt wurde) ist $\equiv$. Es ist also z. B. $17 \equiv 3$, mod. 7, $8 \equiv -3$, mod. 11, weil $17-3 = 2.7$, $8-(-3) = 11$, $+24 \equiv 0$, mod. 12, $-15 \equiv 0$, mod. 5, etc.

Folgende Sätze, welche die Theorie dieses Zeichens enthalten, sind leicht zu begreifen.

a) Ist $a \equiv b$, mod. c, und $a \equiv d$, mod. c, so ist auch $b \equiv d$, mod. c.

b) Ist $a \equiv b$, mod. c, $e \equiv g$, mod. c, so ist auch $a + e \equiv b + g$, mod. c, und $a - e \equiv b - g$ mod. c.

c) Ist $a \equiv b$, mod. c, und $e \equiv g$, mod. c, so ist auch $ae \equiv bg$, mod. c. Denn da $a - b \equiv 0$, mod. c, d. h. $a - b$ durch c theilbar ist, so ist auch $e(a - b) \equiv 0$, mod. c, d. h. $ea - eb \equiv 0$, mod. c, $ea \equiv eb$, mod. c, e mag eine positive oder negative ganze Zahl sein. Aus demselben Grunde ist auch $eb \equiv gb$, mod. c, folglich nach a) $ea \equiv gb$, mod c, w. z. b. w.

Ist daher n eine positive ganze Zahl, und $a \equiv b$, mod. c, so ist auch $a^2 \equiv b^2$, mod. c, $a^3 \equiv b^3$, mod. c, überhaupt $a^n \equiv b^n$, mod. c, z. B. $16 \equiv 5$, mod. 11, $20 \equiv -2$, mod. 11, $16 \times 20 \equiv -10 \equiv 1$, mod. 11, $7 \equiv +3$, mod. 4, $7^2 \equiv 9$, mod. 4, u. s. w.

d) Ist c eine relative Primzahl gegen a und b und $a \equiv b$, mod. c, $ae \equiv bg$, mod. c, so ist auch $e \equiv g$, mod. c. Da $a \equiv b$, und $e \equiv e$, mod. c, so ist $ae \equiv be$, mod. c, also auch $be \equiv bg$, mod. c, oder $be - bg \equiv 0$, mod. c. Also ist $b(e - g)$ durch c (ohne Rest) theilbar, und da b

eine relative Primzahl gegen e ist, so muß $e-g$ durch c theilbar, d. h. $e \equiv g$, mod. c sein.

e) Sind m und n zwei relative Primzahlen, und $a \equiv b$, mod. m, $a \equiv b$, mod. n, so ist auch $a \equiv b$, mod. mn. §. 6.

9. Zusatz. Unter dem Reste, welchen eine positive ganze Zahl a durch c dividirt läßt, versteht man die kleinste positive Zahl r, welche von a abgezogen, die Differenz $a-r$ durch c theilbar giebt. Derselbe Begriff läßt sich auch auf eine negative Zahl ausdehnen. Es giebt nemlich immer eine kleinste positive Zahl r, welche von $-a$ abgezogen, die Differenz $-a-r$, d. h. die negative Summe $-(a+r)$ durch c theilbar macht. Diese Zahl r heißt auch hier der Rest von $-a$, nach dem Modul c. Lassen zwei Zahlen a und b nach dem Modul c gleiche Reste, so ist $a \equiv b$, mod. c. Und umgekehrt, ist $a \equiv b$, mod. c, so lassen die Zahlen a und b, durch c dividirt, gleiche Reste.

Ist der Rest r von a größer als die Hälfte des Moduls c, so ist $r-c$ eine negative Zahl, die, vom Zeichen abgesehen, kleiner ist, als $\frac{1}{2}c$. Führt man also auch negative Reste ein, so kann man $r-c$ als den kleinsten Rest von a, nach dem Modul c betrachten. Der kleinste Rest einer Zahl a, nach dem Modul c, ist also entweder positiv oder negativ, aber immer kleiner als $\frac{1}{2}c$.

Einige allgemeine Sätze über absolute und relative Primzahlen.

10. Lehrsatz. Die Anzahl der absoluten Primzahlen ist unbegrenzt. Um dies zu beweisen, nehmen wir das Gegentheil an. Es sei also die Anzahl der Primzahlen begrenzt, und z die letzte Primzahl. Alsdann müßte jede Zahl, die größer ist, als z, durch eine der Primzahlen 2, 3, 5, 7 .... bis z

theilbar sein. Es sei nun $P = 2.3.5.7 \ldots . z$ gleich dem Producte aller Primzahlen von 2 bis zur angenommenen letzten z, so ist $P+1$ erstens offenbar größer, als jede der Primzahlen 2, 3, ... z und durch keine derselben theilbar (§. 3. Zus.). Also ist $P+1$ entweder selbst eine Primzahl, oder es giebt zwischen z und $P+1$ noch andere Primzahlen, durch welche $P+1$ theilbar ist. In keinem Falle aber ist z die letzte Primzahl, w. z. b. w.

11. Es giebt ein sehr einfaches Mittel, um alle Primzahlen von 1 an bis zu einer gegebenen Grenze A durch bloße Ausschließung der zusammengesetzten Zahlen zu erhalten. Man schreibe nemlich die ungrade Zahlen von 1 bis A, z. B. bis 39 in eine Reihe:

1.3.5.7.9.11.13.15.17.19.21.23.25.27.29.31.33.35.37.39,

so ist in dieser Reihe jede dritte Zahl von 3 an durch 3 theilbar, man streiche also alle diese Zahlen 9, 15, 21, u. s. f., mit Ausnahme der ersten, 3, aus. Hierauf streiche man jede 5te Zal von 5 an aus, indem man jedoch die schon ausgestrichenen Zahlen immer mitzählt. Man kommt also zunächst auf 15, welche jedoch schon ausgestrichen ist, dann auf 25, 35, welche noch nicht ausgestrichen waren. Eben so verfahre man mit 7, und streiche unter den Zahlen 21, 35 .... diejenigen, welche noch nicht ausgestrichen waren. Da 9 und alle vielfacheren 9 schon ausgestrichen sind, so ist es nicht nöthig, die Vielfachen dieser Zahl auszustreichen. Man fährt mit 11, 13 fort, übergeht die schon ausgestrichenen Zahl 15, u. s. w. Alle Zahlen 1, 3, 5, 7, 11, 13, 17, 19, 23, 29, 31, 37, welche nach dieser Operation noch stehen geblieben, sind Primzahlen.

1.3.5.7.~~9~~.11.13.~~15~~.17.19.~~21~~.23.~~25~~.~~27~~.29.31.~~33~~.~~35~~.37.~~39~~.

Zu diesen ist noch die Primzahl 2 zu zählen.

Diese Methode läßt sich noch durch Anwendung der folgenden Bemerkung abkürzen: Ist eine Zahl A durch keine Primzahl von 2 bis zu der in Quadratwurzel aus A ($\sqrt{A}$)

enthaltenen größten Primzahl theilbar, so ist sie selbst eine Primzahl. Denn wäre die Zahl A zusammengesetzt, so müßte sie in diesem Falle wenigstens 2 Primfactoren enthalten, von denen jeder größer wäre als $\sqrt{A}$, was nicht möglich ist.

Um also sämmtliche Primzahlen von 1 bis A zu finden, ist die Ausschließung aller derjenigen ungraden Zahlen hinreichend, welche durch keine der Primzahlen unter $\sqrt{A}$ theilbar sind.

In dem obigen Beispiele braucht man also, um die Primzahlen von 1 bis 39 zu finden, nur die durch 3 und 5 theilbaren Zahlen auszustreichen, da das Quadrat der nächstfolgenden Primzahl 7 schon größer ist als 39.

12. Aufgabe. Vorausgesetzt, daß man die Primfactoren der Zahl A kenne, so soll man die Anzahl der relativen Primzahlen gegen A finden, die kleiner sind als A.

Auflösung. Es sei $A = a^\alpha b^\beta c^\gamma d^\delta \ldots$, wo a, b, c, d, ... ungleiche Primzahlen und α, β, γ, δ, ... ganze positive Exponenten sind, von denen keiner gleich Null ist.

Unter den Zahlen von 1 bis A sind die folgenden

$$a,\ 2a,\ 3a,\ 4a,\ \ldots\ \left(\frac{A}{a}\right)a$$

durch a theilbar; der Anzahl nach $\frac{A}{a}$.

Es bleiben also durch a untheilbare Zahlen $A - \frac{A}{a}$ übrig. Unter diesen sind die folgenden $\frac{A}{b}$

$$b,\ 2b,\ 3b\ \ldots\ \left(\frac{A}{b}\right)b$$

durch b theilbar, ausgenommen diejenigen, welche zugleich durch a theilbar sind, nemlich:

$$ab,\ 2ab,\ 3ab\ \ldots\ \left(\frac{A}{ab}\right)ab.$$

Von den durch A nicht theilbaren $A - \frac{A}{a}$ Zahlen sind also $\frac{A}{b} - \frac{A}{ab}$ Zahlen, welche durch b und nicht zugleich durch

a theilbar sind, abzuziehen, und man erhält also

$$A - \frac{A}{a} - \frac{A}{b} + \frac{A}{ab}$$

Zahlen, welche weder durch a, noch durch b theilbar sind. Man sieht leicht, daß die Anzahl dieser Zahlen sich einfacher durch die Formel

$$A\left(1-\frac{1}{a}\right)\left(1-\frac{1}{b}\right)$$

ausdrücken läßt.

Fährt man auf diese Weise fort, so findet man, daß die Anzahl der Zahlen von 1 bis A, welche weder durch a, noch b, noch c theilbar sind, $A\left(1-\frac{1}{a}\right)\left(1-\frac{1}{b}\right)\left(1-\frac{1}{c}\right)$ beträgt.

Es befindet sich nemlich unter den Zahlen von 1 bis A $\frac{A}{c}$, welche durch c theilbar sind. Unter diesen giebt es aber solche, die durch a und b nicht theilbar sind, so viele als deren in der Reihe 1, 2, 3, 4, 5, ... $\frac{A}{c}$ vorhanden sind. Die Anzahl solcher beträgt nach der vorigen Formel

$$\frac{A}{c}\left(1-\frac{1}{a}\right)\left(1-\frac{1}{b}\right).$$

Diese durch c, nicht aber durch a und b theilbaren Zahlen müssen von den vorigen $A\left(1-\frac{1}{a}\right)\left(1-\frac{1}{b}\right)$ Zahlen abgezogen werden, um diejenigen Zahlen unter A zu erhalten, welche weder durch a, noch b, noch c theilbar sind. Dies giebt

$$A\left(1-\frac{1}{a}\right)\left(1-\frac{1}{b}\right) - \frac{A}{c}\left(1-\frac{1}{a}\right)\left(1-\frac{1}{b}\right), \text{ oder}$$

$$A\left(1-\frac{1}{a}\right)\left(1-\frac{1}{b}\right)\left(1-\frac{1}{c}\right) \text{ Zahlen.}$$

Eine ganz ähnliche Formel gilt für eine größere Anzahl von Primzahlen.

Beispiel. Die Anzahl derjenigen Zahlen, welche kleiner sind, als $360 = 2^3.3^2.5$ und relative Primzahlen gegen

360, beträgt $360 . \frac{2-1}{2} . \frac{3-1}{3} . \frac{5-1}{5} = 2^2 . 3 . 1 . 2 . 4 = 96$ Zahlen.

13. Aufgabe. Die Anzahl der Zahlen zu finden, welche kleiner als B, und durch keine der ungleichen Primzahlen a, b, c, d .... theilbar sind.

Auflösung. Es soll im Folgenden die in dem Quotienten $\frac{B}{a}$ enthaltene ganze Zahl durch B_a bezeichnet werden. Man wird beweisen können, daß $B_{a_b} = B_{ab}$, d. h. die ganze Zahl, welche in dem Quotienten $\frac{B_a}{b}$ enthalten ist, ist gleich der ganzen Zahl in dem Quotienten $\frac{B}{ab}$.

Es stelle nemlich a' den Rest vor, welcher bei der Division von B mit a bleibt, so ist $B = aB_a + a'$, und a' positiv und kleiner als a.

Ist ferner b' der Rest, welcher B_a durch b dividirt, läßt, so ist $B_a = bB_{a_b} + b'$, und b' kleiner als b. Also ist $B = abB_{a_b} + ab' + a'$.

Nun ist b' höchstens gleich $b-1$, folglich nicht allein ab' kleiner als ab, sondern auch $a(b'+1)$ kleiner oder höchstens gleich ab. Da aber $a' < a$, so ist $ab' + a' < ab' + a$, also in jedem Falle $ab' + a' < ab$. Folglich ist $\frac{ab' + a}{ab}$ ein ächter Bruch, und also B_{a_b} die größte in dem Quotienten $\frac{B}{ab}$ enthaltene ganze Zahl, d. h. $B_{a_b} = B_{ab}$, w. z. b. w.

Dieses vorausgesetzt, so sind unter den Zahlen von 1 bis B die folgenden a, $2a$, $3a$, $4a$, ... $(B_a)a$ durch a theilbar; es bleiben also $B - B_a$ durch a nicht theilbare Zahlen übrig. Von diesen sind $B_b - B_{ab}$ durch b, nicht aber durch a theilbar, es bleiben also

$$B - B_a - B_b + B_{ab}$$

Zahlen übrig, welche weder durch a noch durch b theilbar sind.

Um mit größerer Leichtigkeit das Gesetz auszudrücken, nach welchem für eine größere Anzahl von Primzahlen die hier gesuchte Formel zu bilden ist, so sei A ein Product aus einer beliebigen Anzahl von ungleicher Primzahlen $a, b, c, d \dots$, also $A = abcd \dots$, und bezeichnen wir die Anzahl derjenigen Zahl, welche kleiner sind als B und relative Primzahlen gegen A, also nicht theilbar durch eine der Primzahlen $a, b, c, d, \dots$ mit $\frac{B}{A}$; so ergiebt sich die Anzahl derjenigen Zahlen, welche relative Primzahlen gegen A und gegen eine neue Primzahl p, zugleich kleiner als B sind, d. h. die Zahl

$$\frac{B}{Ap} = \frac{B}{A} - \frac{B_p}{A}.$$

Unter den Zahlen von 1 bis B sind nemlich die folgenden

$$p, 2p, 3p, 4p \dots (B_p)p$$

durch p theilbar. Unter diesen befinden sich aber eben so viele durch $a, b, c, d \dots$ nicht theilbare Zahlen, als es deren in der Reihe

$$1\ 2\ 3\ 4 \dots B_p$$

giebt, d. h. nach der obigen Bezeichnung $\frac{B_p}{A}$.

Zieht man nun von allen den Zahlen, welche durch keinen Factor von A theilbar sind, diejenigen ab, welche nur durch p, nicht aber durch einen Factor von A theilbar sind, so erhält man $\frac{B}{Ap} = \frac{B}{A} - \frac{B_p}{A}$ Zahlen, welche kleiner sind als B und relative Primzahlen gegen Ap.

Will man z. B. die Anzahl der Zahlen finden, welche kleiner sind, als B und relative Primzahlen gegen abc, so setze man $A = ab$, und man hat:

$$\frac{B}{Ac} = \frac{B}{A} - \frac{B_c}{A}.$$

Nun ist $\frac{B}{A} = B - B_a - B_b + B_{ab}$; folglich

$$\frac{B_c}{A} = B_c - B_{ca} - B_{cb} + B_{cab};$$

also

$$\frac{B}{abc} = B - B_a - B_b - B_c + B_{ab} + B_{ac} + B_{bc} - B_{abc}.$$

Beispiel. Wie viel Zahlen giebt es von 1 bis 100, die durch keine der Primzahlen 2, 3, 5, 7 theilbar sind?

Man hat

$$\frac{100}{2.3.5.7} = \frac{100}{2.3.5} - \frac{14}{2.3.5},$$

$$\frac{100}{2.3.5} = \frac{100}{2.3} - \frac{20}{2.3},$$

$$\frac{100}{2.3} = \frac{100}{2} - \frac{33}{2},$$

$$\frac{100}{2} = 100 - 50.$$

Nun findet man, entweder durch Wiederholung des angegebenen Verfahrens, oder, in dem vorliegenden einfachen Falle, durch Zählung, daß:

$$\frac{14}{2.3.5} = 4, \quad \frac{20}{2.3} = 7, \quad \frac{33}{2} = 17;$$

daher ergiebt sich die gesuchte Zahl $\frac{100}{2.3.5.7}$ gleich:

$$100 - 50 - 4 - 7 - 17 = 22.$$

Da es außer den Zahlen 2, 3, 5, 7 keine andern Primzahlen mehr giebt, die kleiner sind als $\sqrt{100}$, so sind alle jene 22 Zahlen Primzahlen. Fügt man zu der Anzahl 22 derselben noch die Zahl 4 der obigen nicht darin begriffenen Primzahlen hinzu, so erhält man das Resultat, daß es von 1 bis 100 26 Primzahlen giebt, die Einheit selbst mit eingerechnet.

Anmerk. Die im §. gefundene Formel für $\frac{B}{A}$ ist so beschaffen, daß die Zahl B, wenn sie durch keinen Factor von A theilbar ist, in denselben mitgezählt wird.

14. Aufgabe. Die Anzahl sämmtlicher Zahlen zu finden, welcher in einer gegebenen Zahl A ohne Rest aufgehen.

Auflösung. Die verschiedenen Primfactoren von A seien $a, b, c, d \ldots.$ und $A = a^\alpha b^\beta c^\gamma d^\delta \ldots.$; so ist jeder Divisor von A ein Product von der Art wie $a^{\alpha'} b^{\beta'} c^{\gamma'} \ldots.$, wenn $\alpha', \beta', \gamma', \delta' \ldots.$ beliebige positive Exponenten, keiner derselben jedoch größer als der entsprechende $\alpha, \beta, \gamma, \delta \ldots.$ ist.

Die Anzahl aller Zahlen dieser Art ist nun gleich der Anzahl der Glieder, welche das Product

$(1+a+a^2+a^3\ldots+a^\alpha)(1+b+b^2+b^3\ldots+b^\beta)(1+c+c^2\ldots+c^\gamma)\ldots$

enthält, wenn man es vollständig entwickelt. Denn in diesem Product wird offenbar jede Potenz von a mit jeder von $b, c, \ldots.$ multiplicirt. Auch sind nicht zwei Glieder des entwickelten Products einander gleich; also beträgt die Anzahl sämmtlicher Glieder $(\alpha+1)(\beta+1)(\gamma+1)\ldots.$, von denen jedes ein anderer Divisor von A ist.

Zusatz. Da $1+a+a^2+a^3\ldots.+a^\alpha = \dfrac{a^{\alpha+1}-1}{a-1}$, so beträgt die Summe dieser sämmtlichen Divisoren von A:

$$\frac{a^{\alpha+1}-1}{a-1} \cdot \frac{b^{\beta+1}-1}{b-1} \cdot \frac{c^{\gamma+1}-1}{c-1} \ldots.$$

Beispiel. Die Anzahl sämmtlicher Divisoren von $1800 = 5^2.3^2.2^3$ ist $3.3.4 = 36$, und die Summe derselben:

$$\frac{5^3-1}{5-1} \cdot \frac{3^3-1}{3-1} \cdot \frac{2^4-1}{2-1} = 31.13.15 = 5045.$$

15. Die Vertheilung der Primzahlen in der Zahlenreihe würde noch Stoff zu weiteren Untersuchungen liefern, wenn nicht die Schwierigkeit des Gegenstandes für den hier vorausgesetzten Standpunct zu groß wäre.

Es mögen daher folgende Bemerkungen hinreichen.

Dividirt man die Primzahlen mit einer beliebigen Zahl a, so kann eine Primzahl offenbar nur solche Reste r geben, welche kleiner sind als a und relative Primzahlen gegen a. Wählt man z. B. die Zahl 4, so kann jede ungrade Primzahl, dividirt durch 4 nur 1 oder 3 zum Reste lassen. Man kann daher sagen, daß jede ungrade Primzahl entweder von der Form $4n+1$, oder von der Form $4n+3$ ist. Von der ersten Art sind die Primzahlen 5, 13, 17, 29, 37, etc., von der letztern die Primzahlen 3, 7, 11, 19, 23, 31, etc. In Beziehung auf den Modul 8 kann ein ungrade Primzahl nur die Reste 1, 3, 5, 7 lassen, und wir erhalten also 4 Klassen von Primzahlen, nemlich $8n+1$, $8n+3$, $8n+5$, $8n+7$. Beispiele der ersten Classe sind 17, 41, ..., der zweiten Classe $8n+3$: 11, 19, 43 etc., der dritten Classe $8n+5$: 13, 29, 37 etc., endlich der vierten Classe $8n+7$: 23, 31, 47 etc.

Im Bezug auf den Modul 6 kann eine ungrade Primzahl nur die Reste 1 und 5 lassen, also ist jede Primzahl, mit Ausnahme der 2 und 3, von der Form $6n+1$ oder $6n+5$.

Im Allgemeinen ist leicht zu sehen, daß man den Modul, durch welchen die Primzahlen classificirt werden, wenn derselbe ungrade ist, mit 2 multipliciren kann, um dann sogleich alle möglichen Formen der Primzahlen zu finden. Denn soll der Modul z. B. 5 sein, so ergeben sich zunächst die Formen $5n+1$, $5n+2$, $5n+3$, $5n+4$, in denen jede ungrade Primzahl, ausgenommen 5, enthalten sein muß. Nimmt man nun erstens die Formen $5n+1$, $5n+3$, so ist klar, daß dieselben nur dann eine ungrade Zahl darstellen, wenn n grade ist.

Man schreibe also statt n: $2n$, so erhält man die Formen $10n+1$, $10n+3$. Dagegen muß in den beiden Formen $5n+2$, $5n+4$, die Zahl n nothwendig ungrade sein, da diese Formen selbst nur ungrade Primzahlen darstellen sollen. Schreibt man daher in denselben statt n die allgemeine Form einer ungraden Zahl $2n+1$, so gehen jene beiden über in die beiden folgenden $10n+7$, $10n+9$, welche lauter ungrade Zahlen enthalten.

Auf diese Art kann man die Primzahlen nach jedem gegebenen Modul in so viel Classen eintheilen, als es relative

Primzahlen gegen diesen Modul giebt, die kleiner sind, als dieser. Es läßt sich nun behaupten, daß jede der erhaltenen Classen eine unendliche Anzahl von Primzahlen in sich schließt. So sehr aber auch dieser Satz schon an sich eine große Wahrscheinlichkeit hat, und welche durch anderweitige Betrachtungen, wie man sie vorzüglich in der Theorie der Zahlen von Legendre findet, noch erhöht wird, so ist doch ein ganz strenger und allgemeiner Beweis desselben bis jetzt noch nicht bekannt, und wir müssen uns daher begnügen, den Satz nur ausgesprochen zu haben, ohne uns in der Zukunft darauf berufen zu dürfen.

Anmerk. Die Formen der Primzahlen, von welchen hier die Rede gewesen, pflegt man Formen des ersten Grades, oder auch lineäre Formen zu nennen, zum Unterschiede von den quadratischen Formen, von welchen später die Rede sein wird.

Die Elemente der Arithmetik.

Erste Abtheilung.

Erster Abschnitt.

Unbestimmte Aufgaben des ersten Grades. Kettenbrüche.

1. **Lehrsatz.** Sind a und c zwei relative Primzahlen, so sind die Reste, welche die Vielfachen von a

$$1a\ 2a\ 3a\ 4a\ 5a \ldots (c-1)a,$$

dividirt durch c, lassen, alle von einander verschieden.

Beweis. Es seien m und n zwei ganze positive Zahlen, kleiner als c, und nehmen wir an, daß ma und na nach dem Modul c gleiche Reste lassen, also daß $ma \equiv na$, mod. c.

Alsdann ist $(m-n)a \equiv 0$, mod. c.

Da nun a und c relative Primzahlen sind, so kann kein Factor von c in a aufgehen; und da das Product $(m-n)a$ durch c theilbar ist, so folgt daß $m-n$ durch jeden Factor von c, also durch c selbst, theilbar sein muß. Da aber weder m noch n größer ist als c, so ist die Differenz $m-n$ nur dann durch c ohne Rest theilbar, wenn $m=n$.

Sobald aber m nicht $=n$, so ist auch ma nicht $\equiv na$, mod. c, w. z. b. w.

Zusatz. Es folgt hieraus, daß die Reste von

$$a\ 2a\ 3a\ 4a \ldots \text{mod. } c$$

mit den Resten 1, 2, 3 .... $c-1$, wenn auch in veränderter Ordnung, zusammenfallen.

Beispiel. Nach dem Modul 6 sind die Reste von
19 2.19 3.19 4.19 5.19 der Reihe nach:
1 2 3 4 5.

Nach dem Modul 9 sind die Reste von
16 2.16 3.16 4.16 5.16 6.16 7.16 8.16 der Reihe nach:
7 5 3 1 8 6 4 2

2. Zusatz. Sind, wie vorhin, a und c zwar relative Primzahlen, und b eine beliebige dritte Zahl, so ist es immer möglich, eine Zahl x zu finden, welche mit a multiplicirt denselben Rest, wie b, nach dem Modul c läßt.

Denn da die Zahlen

$$a \quad 2a \quad 3a \quad 4a \ldots . (c-1)a \quad ca$$

nach dem Modul c alle mögliche Reste lassen, so muß eine darunter congruent b sein, mod c.

Die Congruenz $ax \equiv b$, mod. c, welche hierdurch aufgelöst wird, heißt eine Congruenz des ersten Grades, weil die unbekannte Größe x in derselben nur mit dem Exponenten 1 vorkommt.

Eine solche Congruenz giebt also für x nur einen Werth, welcher kleiner als der Modul c und zugleich positiv ist. (§. 1.)

Wir wollen diesen Werth von x welcher unter allen möglichen positiven Werthen der kleinste ist, mit α bezeichnen, so daß

$$a\alpha \equiv b, \text{ mod. } c.$$

Stellt nun x eine andere Zahl vor, welche ebenfalls die Congruenz $ax \equiv b$, mod. c, befriedigt, so erhält man

$$ax \equiv a\alpha, \text{ mod. } c, \text{ oder}$$

$$a(x-\alpha) \equiv 0, \text{ mod. } c.$$

Da nun a durch keinen Factor von c theilbar ist, so muß $x-\alpha$ durch c theilbar sein, also $x-\alpha \equiv 0$, mod. c, oder

$$x \equiv \alpha, \text{ mod. } c.$$

Alle mögliche Auflösungen der Congruenz $ax \equiv b$, mod. c müssen also der kleinsten positiven α nach dem Modul c congruent und folglich von der Form $x = nc + \alpha$ sein, in welcher n jede beliebige ganze positive oder negative Zahl bedeutet *).

Ist die Zahl α größer als $\frac{1}{2}c$, so ist die Zahl $-c+\alpha$ negativ, und, abgesehen davon, kleiner als $\frac{1}{2}c$. Da nun diese Zahl $-c+\alpha$ eben sowohl als die Zahl α an die Stelle von x in der Congruenz $ax \equiv b$, mod. c, gesetzt werden kann, so ist zu schließen:

Sind a und c zwei relative Primzahlen, so ist die Congruenz $ax \equiv b$, mod. c, auflösbar. Unter allen Werthen von x, welche dieselbe auflösen, giebt es immer einen, und nur einen, welcher, abgesehen vom Zeichen, kleiner als $\frac{1}{2}c$ ist. Heißt dieser Werth mit seinem Zeichen gedacht α, so sind alle Zahlen x, welche der Congruenz $ax \equiv b$, mod. c, Genüge leisten, von der Form $nc + \alpha$.

Beispiel. Es soll $9x \equiv 1$ sein, mod. 11, der kleinste Werth für x ist 5; allgemein also ist $x = 11n + 5$, also $= -17, -6, 5, 16, 27$ etc.

Soll $7x \equiv 3$ sein, mod. 5, so ist der kleinste Werth von x: -1, und also allgemein $x = 5n - 1$; d. i. $x = -6, -1, 4, 9$ etc.

Es ist nemlich $-7 = -10 + 3 \equiv 3$, mod. 5.

Von den Kettenbrüchen.

3. Die Auflösung der Congruenz $ax \equiv b$, mod. c, läßt sich zwar immer dadurch finden, daß man für x nach und nach die ganzen Zahlen von $-\frac{1}{2}c$ bis $+\frac{1}{2}c$ setzt, bis man auf diejenige (α) kommt, welche der Congruenz Genüge lei-

*) Ist $x \equiv \alpha$, mod. c, so ist $x - \alpha$ durch c theilbar, und folglich ein Vielfaches von c, gleichviel ob positiv oder negativ. Ist also n eine beliebige ganze positive oder negative Zahl, so ist, wenn $x \equiv \alpha$, mod. c, auch: $x = nc + \alpha$. Umgekehrt ist $x = nc + \alpha$, so folgt $x \equiv \alpha$, mod. c.

stet; allein wenn a und c große Zahlen sind, so wird dieses Verfahren zweckmäßiger, mit der Anwendung der Kettenbrüche vertauscht, welche die gesuchte Zahl a auf einem kürzeren Wege liefern.

Die Theorie der Kettenbrüche wird daher, so weit sie zur Auflösung der vorgelegten Congruenz dient, Gegenstand der folgenden §§. sein.

Man denke sich eine Reihe gewöhnlicher Brüche, deren Zähler sämmtlich gleich 1, und deren Nenner positive ganze Zahlen sind, wie z. B.

$$\tfrac{1}{3}\ \tfrac{1}{7}\ \tfrac{1}{2}\ \tfrac{1}{5}\ \tfrac{1}{11}.$$

Addirt man jeden dieser Brüche, welche wir Partial-Brüche nennen wollen, zu dem Nenner des vorhergehenden, so erhält man einen Kettenbruch (fractio continua).

In dem vorliegenden Beispiel erhält man den Kettenbruch:

$$\cfrac{1}{3+\cfrac{1}{7+\cfrac{1}{2+\cfrac{1}{5+\cfrac{1}{11}}}}}.$$

4. Um einen gegebenen Bruch $\frac{a}{c}$, dessen Zähler und Nenner positive ganze Zahlen sind, welche keinen gemeinschaftlichen Factor haben, in einen Kettenbruch zu verwandeln, bedient man sich des Verfahrens, welches im §. 7. der Einleitung angewendet wurde, um den gemeinschaftlichen Factor zweier Zahlen zu finden.

Man dividire mit c in a, der Quotient sei q, der Rest r, so ist $a = cq + r$, also $\frac{a}{c} = q + \frac{r}{c}$.

Man dividire ferner mit r in c; der Quotient sei q', der Rest r', also $c = rq' + r'$, oder $\frac{c}{r} = q' + \frac{r'}{r}$; folglich

$\frac{r}{c} = \frac{1}{q' + \frac{r'}{r}}$. Setzt man diesen Ausdruck in dem Werthe von $\frac{a}{c}$ an die Stelle von $\frac{r}{c}$, so kommt:

$$\frac{a}{c} = q + \frac{1}{q' + \frac{r'}{r}}.$$

Wendet man dies Verfahren weiter auf den Bruch $\frac{r}{r'}$ an, so erhält man für diesen einen Ausdruck: $q'' + \frac{r''}{r'}$, sodann $\frac{r'}{r''} = q''' + \frac{r'''}{r''}$, und so fort, bis man auf einen Rest kommt, welcher in dem vorhergehenden aufgeht, und mit dem daher das Verfahren beendigt ist. Da a und c relative Primzahlen sind, so muß dieser letzte Rest nothwendig gleich 1 sein,

Nehmen wir z. B. den Bruch $\frac{58}{17}$, so ist $\frac{58}{17} = 3 + \frac{7}{17}$, $\frac{7}{17} = \frac{1}{2 + \frac{3}{7}}$, $\frac{3}{7} = \frac{1}{2 + \frac{1}{3}}$, also $\frac{58}{17} = 3 + \cfrac{1}{2 + \cfrac{1}{2 + \cfrac{1}{3}}}$.

5. Erklärung. Einen Kettenbruch einrichten heißt denselben in einen gewöhnlichen Bruch verwandeln.

Lehrsatz. Bildet man aus den Partial-Brüchen

$$a \quad \frac{1}{b} \quad \frac{1}{c} \quad \frac{1}{d} \ldots \ldots \frac{1}{l} \quad \frac{1}{m} \quad \frac{1}{n} \quad \frac{1}{x},$$

den Kettenbruch

$$y = a + \cfrac{1}{b + \cfrac{1}{c + \ldots \ldots + \cfrac{1}{l + \cfrac{1}{m + \cfrac{1}{n + \cfrac{1}{x}}}}}}$$

und richtet man denselben ein, so erhält man die Form:

$$y = \frac{A'x + A}{B'x + B},$$

in welcher A', A, B', B positive ganze Zahlen sind, zwischen welchen eine der beiden folgenden Gleichungen Statt findet:

$$A'B - AB' = +1 \text{ oder } A'B - AB' = -1.$$

Beweis. Um den Kettenbruch y einzurichten, fange man von den letzten Gliedern derselben an. Man findet zuerst:

$$1. \quad n + \frac{1}{x} = \frac{nx + 1}{x}.$$

Daraus ergiebt sich

$$2. \quad m + \cfrac{1}{n + \cfrac{1}{x}} = m + \frac{x}{nx + 1} = \frac{(mn + 1)x + m}{nx + 1}.$$

In dem ersten dieser beiden Brüche ist: $A' = n$, $A = 1$, $B' = 1$, $B = 0$, also $A'B - AB' = -1$.

In dem zweiten ist $A' = mn + 1$, $A = m$, $B' = n$, $B = 1$, also

$$A'B - AB' = +1.$$

Hat man überhaupt bei der Einrichtung des Kettenbruches einen Bruch

$$3. \quad \frac{\alpha' x + \alpha}{\beta' x + \beta}.$$

gefunden, in welchem α', α, β', β positive ganze Zahlen und $\alpha'\beta - \alpha\beta' = \pm 1$, d. h. entweder $= +1$ oder $= -1$, so ergiebt sich bei Fortsetzung des Verfahrens

$$4. \quad l + \cfrac{1}{\cfrac{\alpha' x + \alpha}{\beta' x + \beta}} = l + \frac{\beta' x + \beta}{\alpha' x + \alpha} = \frac{(\alpha' l + \beta')x + \alpha l + \beta}{\alpha' x + \alpha}.$$

Setzt man demnach $\alpha' l + \beta' = A'$, $\alpha l + \beta = A$, $\alpha' = B'$, $\alpha = B$, so folgt: $A'B - AB' = -(\alpha'\beta - \alpha\beta') = \mp 1$, d. h. entweder $= -1$ oder gleich $+1$.

Von dem zuletzt gefundenen Bruche 4. gelten also die Behauptungen des Lehrsatzes deswegen, weil sie von dem vorigen 3. galten. — Da nun der Lehrsatz für die ersten Brüche

1. und 2., auf welche man bei der Einrichtung des Kettenbruchs kommt, richtig ist, so findet er auch für alle folgenden Statt, wie viele Partialbrüche auch der Kettenbruch enthalten möge.

6. Zusatz. In dem vorigen §. wurde vorausgesetzt, daß die Nenner der Partial-Brüche $\frac{1}{b}\,\frac{1}{c}\,\frac{1}{d}\ldots\frac{1}{m}\,\frac{1}{n}$, so wie a, ganze positive Zahlen seien. Dagegen ist es nicht nothwendig, dieselbe Voraussetzung in Bezug auf x zu machen, dessen Werth vielmehr unbestimmt bleibt, und eben sowohl einen Bruche als einer ganzen Zahl gleich sein kann. Wir wollen diese Unbestimmtheit der Größe x benutzen, um über die Entstehung der Zahlen A', A, B', B Aufschluß zu erhalten.

Nehmen wir 1) an, daß $x=0$ sei, so ist der Kettenbruch $\cfrac{1}{n+\cfrac{1}{x}}=\frac{x}{nx+1}$ offenbar gleich Null.

In diesem Falle geht also der gegebene Kettenbruch y über in den folgenden: $a+\cfrac{1}{b+\ldots\cfrac{}{\ldots+\cfrac{1}{m}}}$, in welchem die letzten Glieder $\cfrac{1}{n+\cfrac{1}{x}}$ weggefallen sind. Und da zugleich $y=\frac{A'x+A}{B'x+B}$ für $x=0$ übergeht in $\frac{A}{B}$, so ist $\frac{A}{B}$ der Werth dieses Kettenbruchs, in der Form eines gewöhnlichen Bruches.

Nehmen wir 2) an, daß x eine unendlich große Zahl sei, so verschwinden in dem Ausdrucke für y die endlichen Zahlen A, B, gegen die Zahlen $A'x$, $B'x$, und der Werth des Bruches geht über in $\frac{A'}{B'}$.

Von der andern Seite ist $\frac{1}{n+\frac{1}{x}} = \frac{1 \times x}{nx+1} = \frac{1}{n}$, wenn x unendlich groß ist; daher ist $\frac{A'}{B'}$ der Werth des Kettenbruchs $a + \cfrac{1}{b + \dots}$

$$\dots + \cfrac{1}{m + \cfrac{1}{n}}.$$

Ist 3) x eine ganze Zahl p, so ist $y = \frac{A'p+A}{B'p+B}$ der Werth des Kettenbruchs $a + \cfrac{1}{b + \dots}$

$$\dots + \cfrac{1}{m + \cfrac{1}{n + \cfrac{1}{p}}}.$$

Aus der Gleichung $A'B - AB' = \pm 1$ geht hervor, A' und A, A' und B', B und A, B und B' relative Primzahlen sind. Setzen wir nun

$$A'' = A'p + A, \quad B'' = B'p + B,$$

so folgt:

$$A''B' - A'B'' = -(A'B - BA') = \mp 1.$$

Also sind auch A'' und B'' relative Primzahlen.

Hieraus folgt, daß die Brüche $\frac{A}{B}$, $\frac{A'}{B'}$, $\frac{A''}{B''}$ den Werth der entsprechenden Kettenbrüche in den kleinsten Zahlen ergeben. Wir nennen diese Brüche aus einem später zu erklärenden Grunde Näherungswerthe von y, und erhalten folgende Regel, um aus zwei Näherungs-Werthen $\frac{A}{B}$, $\frac{A'}{B'}$ mit Hülfe des folgenden Partial-Nenners p den folgenden $\frac{A''}{B''}$ zu finden:

$$A'' = A'p + A, \quad B'' = B'p + B.$$

Beispiel. Nehmen wir den Kettenbruch:

$$\frac{2874}{917} = 3 + \cfrac{1}{7 + \cfrac{1}{2 + \cfrac{1}{5 + \cfrac{1}{11}}}}.$$

Der erste Näherungs-Werth desselben ist $\frac{3}{1}$, der zweite $3 + \frac{1}{7} = \frac{22}{7}$; hieraus folgt der dritte mit dem Zähler: $22 \times 2 + 3 = 47$, und dem Nenner: $7 \times 2 + 1 = 15$; also

$$\frac{47}{15} = 3 + \cfrac{1}{7 + \cfrac{1}{2}}.$$

Der vierte Näherungs-Werth ist, nach demselben Gesetz gebildet,

$$\frac{47 \times 5 + 22}{15 \times 5 + 7} = \frac{257}{82} = 3 + \cfrac{1}{7 + \cfrac{1}{2 + \cfrac{1}{5}}}.$$

Der fünfte Näherungs-Werth ergiebt sich:

$$\frac{257 \times 11 + 47}{82 \times 11 + 15} = \frac{2874}{917}.$$

Die Näherungs-Werthe des Bruchs $\frac{2874}{917}$ sind also der Reihe nach:

$$\frac{3}{1} \cdot \frac{22}{7} \cdot \frac{47}{15} \cdot \frac{257}{82} \cdot \frac{2874}{917}.$$

Man beachte nun folgende Gleichungen, welche nach dem Inhalte des §. Statt finden müssen:

$$3 \times 7 - 22 \times 1 = -1,$$
$$15 \times 22 - 47 \times 7 = +1,$$
$$82 \times 47 - 257 \times 15 = -1,$$
$$917 \times 257 - 2874 \times 82 = +1.$$

7. Das in §. 6. gebrauchte Verfahren hatte den Vorzug, fast gar keiner Rechnung zu bedürfen. Will man aber die Annahme: $x = 0$ und $\frac{1}{x} = 0$ oder $x =$ unendlich —

welche in diesem §. gemacht wurden, vermeiden, so kann man zu denselben Ergebnissen auch auf dem folgenden Wege, mit etwas mehr Aufwand von Rechnungen, gelangen.

Der Werth des Kettenbruchs y wurde durch die Form:

$$y = \frac{A'x + A}{B'x + B}$$

ausgedrückt, in welcher $A'B - AB' = \pm 1$, x eine beliebige ganze oder gebrochene Zahl war.

Setzt man zuerst x gleich einer ganzen Zahle p, so erhält man:

$$A'' = A'p + A, \quad B'' = B'p + B, \quad \frac{A''}{B''} = \frac{A'p + A}{B'p + B};$$

$$A''B' - A'B'' = \mp 1.$$

Setzt man ferner $x = p + \frac{1}{p} = \frac{pp' + 1}{p'}$, so erhält man:

$$y = \frac{A'(pp'+1) + Ap'}{B'(pp'+1) + Bp'} = \frac{(A'p+A)p' + A'}{(B'p+B)p' + B'} = \frac{A''p' + A'}{B''p' + B'}.$$

Setzt man nun $A''' = A''p' + A'$, $B''' = B''p' + B'$, so erhält man:

$$A'''B'' - A''B''' = -(A''B' - A'B'') = \pm 1.$$

folglich sind die Zahlen A''' und B'' wiederum relative Primzahlen.

Setzt man drittens

$$x = p + \frac{1}{p' + \frac{1}{p''}} = p + \frac{p''}{p'p'' + 1} = \frac{pp'p'' + p + p''}{p'p'' + 1},$$

so erhält man

$$y = \frac{A'(pp'p'' + p + p'') + A(p'p'' + 1)}{B'(pp'p'' + p + p'') + B(p'p'' + 1)} =$$

$$\frac{(A'p + A)p''p' + A'p'' + A'p + A}{(B'p + B)p'p'' + B'p'' + B'p + B}$$

also $y = \dfrac{(A''p' + A')p'' + A'p + A}{(B''p' + B')p'' + B'p + B} = \dfrac{A'''p'' + A''}{B'''p'' + B''}$.

Nimmt man nun $A'''p'' + A'' = A^{\text{IV}}$, $B'''p'' + B'' = B^{\text{IV}}$, so ergiebt sich $A^{\text{IV}}B''' - A'''B^{\text{IV}} = \;\; (A'''B'' - A''B''') = \mp 1.$

Ist also der Werth des Kettenbruchs $a+\cfrac{1}{b+\cdots\cfrac{}{\cdots+\cfrac{1}{m+\cfrac{1}{n+\cfrac{1}{n}}}}}$

durch den Bruch $\frac{A''}{B''}$ in den kleinsten Zähler ausgedrückt, und bezeichnet man den Werth des, durch Anhängung des Partial-Bruchs $\frac{1}{p}$ entstehenden Kettenbruchs, ebenfalls in den kleinsten Zahlen ausgedrückt, durch $\frac{A'''}{B'''}$, so erhält man für den Zähler A^{IV} und den Nenner B^{IV} des folgenden Näherungs-Werths

$$A^{IV} = A'''p'' + A'', \quad B^{IV} = B'''p'' + B'',$$

welche Gleichungen diesen Werth ebenfalls in kleinsten Zahlen geben.

Das hier erhaltene Gesetz, nach welchem aus zwei auf einander folgenden Näherungs-Werthen eines Kettenbruchs der dritte nächst folgende mit Hülfe des hinzugekommenen Partial-Bruchs $\left(\frac{1}{p''}\right)$ gefunden wird, stimmt mit dem Inhalt des vorigen §. vollkommen überein.

8. Wir wollen nun zeigen, welche Anwendung der Kettenbrüche sich auf die Auflösung der Congruenz $ax \equiv +1$ oder $ax \equiv -1$, mod. b (in welcher a und b relative Primzahlen vorstellen), machen läßt.

Zwei aufeinander folgende Näherungs-Werthe $\frac{a^0}{b^0}$, $\frac{a}{b}$ eines Kettenbruches haben, nach §. 6., 7., die Eigenschaft, welche durch die Gleichung

$$ab^0 - a^0 b = \pm 1$$

ausgedrückt wird.

Um also die Congruenz $ax \equiv \pm 1$, mod. b, aufzulösen, entwickele man den Bruch $\frac{a}{b}$ in einen Kettenbruch, lasse hierauf den letzten Partial-Bruch im Kettenbruche weg, richte den übrigbleibenden Kettenbruch ein; der Werth desselben sei $\frac{a^{\circ}}{b^{\circ}}$, so ist $ab^{\circ}-a^{\circ}b=\pm 1$, also $ab^{\circ}\equiv\pm 1$ mod. b; also ist $x=b^{\circ}$ die Auflösung einer der Congruenzen $ax\equiv+1$ oder $ax\equiv-1$, mod. b.

Aus der Art, wie die Zahl b durch Hülfe der Zahl b° gebildet wird, geht zugleich hervor, daß b° kleiner ist als b. Also ist b° die kleinste positive Zahl, welche der gegebenen Congruenz Gränze leistet (§. 2.).

Soll nun z. B. die Congruenz $ax\equiv+1$, mod. b, aufgelöst werden, und findet sich $ab^{\circ}\equiv-1$, mod. b, so setze man $-b^{\circ}$ statt b°, und es ist $a\times-b^{\circ}\equiv+1$, mod. b. Will man aber eine positive Zahl haben, so ist $a(b-b^{\circ})\equiv-1$, mod. b, also $x=b-b^{\circ}$.

Beispiel. Es sei die Congruenz $27x\equiv+1$, mod. 19, vorgelegt. Man findet $\frac{27}{19}=1+\cfrac{1}{2+\cfrac{1}{2+\cfrac{1}{1+\cfrac{1}{2}}}}$.

Die Näherungswerthe sind:

$$\frac{1}{1}\cdot\frac{3}{2}\cdot\frac{7}{5}\cdot\frac{10}{7}\cdot\frac{27}{19},$$

und man hat $10\times19-7\times27=1$; oder $27\times7-19\times10=-1$, also $27\times7\equiv-1$, mod. 19.

Es ist also $x=-7$ zu setzen, oder, wenn die Auflösung positiv sein soll, $x=19-7=12$.

In der That ist $27\times12=19.17+1$, oder

$$27\times12\equiv+1,\ \text{mod. } 19.$$

Zweites Beispiel. $125x\equiv+1$, mod. 123.

$\frac{125}{132}=\cfrac{1}{1+\cfrac{1}{17+\cfrac{1}{1+\cfrac{1}{6}}}}$ Näherungswerthe: $\frac{1}{1}\cdot\frac{17}{18}\cdot\frac{18}{19}\cdot\frac{125}{132}$,

$125 \times 19 - 18 \times 132 = -1$; also $125 \times 19 \equiv -1$, mod. 132; folglich $125 \times 113 \equiv +1$, mod. 132.

9. Es bleibt nun noch übrig, zu zeigen, wie die Congruenz $ax \equiv c$, mod. b aufzulösen ist, vorausgesetzt, daß c nicht $\equiv 0$, mod. b.

Hat man $ab' \equiv 1$, mod. b, nach der Anweisung des vorigen §. gefunden, so setze man $x = nb + cb'$ und es ergiebt sich:

$$a(nb + cb') \equiv acb' \equiv c, \text{ mod. } b.$$

Da man der Zahl n jeden beliebigen positiven oder negativen Werth geben kann, so giebt es auch immer ein n, welches die Zahl $nb + cb'$ kleiner als $\frac{1}{2} b$ macht (§. 2.). Dieser kleinste Werth von x sei α, so ist allgemein $x = bn + \alpha$.

Beispiel. Es soll $25x \equiv 19$ sein, mod. 36.

Man erhält $25 \times 13 \equiv 1$, mod. 36; folglich

$$x = 36n + 13 \times 19 = 36n + 247.$$

Nun ist $247 = 6 \times 36 + 31$; setzt man also $n = -6$, so folgt $25 \times 31 \equiv 19$, mod. 36.

Allgemein ist für x jede Zahl von der Form $36n + 31$ zu setzen, und keine andere.

Beispiel. $51x \equiv +22$, mod. 31. $51 \times 14 \equiv 1$, mod. 31.

Hieraus folgt der kleinste Werth von x: $22 \times 14 - 9 \times 31 = 29$, $51 \times 29 \equiv 22$, mod. 31; und allgemein $x = 31 . n + 29$.

Anmerk. Die Auflösung der Congruenz $ax \equiv c$, mod. b ist zugleich die Auflösung der Gleichung $ax + by = c$ in ganzen Zahlen, da die Congruenz selbst im Grunde nichts weiter, als ein abgekürzter Ausdruck dieser Gleichung ist.

Vermittelst der Auflösung solchen Gleichungen kann man jeden Bruch, dessen Nenner eine zusammengesetzte Zahl ist, in eine Summe (oder Differenz) von mehreren Brüchen zerlegen, deren Nenner Primzahlen oder Potenzen von Primzahlen sind.

Es soll z. B. der Bruch $\frac{12}{425} = \frac{12}{17.25}$ in zwei Brüche von den Nennern 17 und 25 zerlegt werden, so erhält man die Gleichung:

$$\frac{x}{17} + \frac{y}{25} = \frac{12}{17.25}, \text{ oder } 25x + 17y = 12.$$

Die kleinsten Zahlen, welche dieser Gleichung genügen, sind $x = -7$, $y = 11$; man erhält also $\frac{11}{25} - \frac{7}{17} = \frac{12}{17.25}$.

Besteht der Nenner aus mehreren ungleichen Primfactoren, so zerlegt man ihn erst in 2 Factoren a und b, welche relative Primzahlen sind, und sucht die kleinsten Zahlen, welche der Gleichung $\frac{x}{a} + \frac{y}{b} = \frac{c}{ab}$ Genüge thun; hierauf setzt man das Verfahren mit den gefundenen Brüchen $\frac{x}{a}$, $\frac{y}{b}$ so lange fort, als die Nenner noch ungleiche Primfactoren enthalten.

Zweiter Abschnitt.

Die Reste der Potenzen.

1. Lehrsatz. Ist c eine Primzahl, und a eine beliebige aber durch c nicht theilbare Zahl, so ist der Rest, welchen a, auf die Potenz vom Exponenten $c-1$ erhoben, nach dem Modul c läßt, der Einheit gleich; oder

$$a^{c-1} \equiv 1, \text{ mod. } c.$$

Beweis. In §. 1. des ersten Abschnitts wurde gezeigt, daß die Reste der Zahlen $a\,2a\,3a\,4a \ldots (c\text{-}1)a$ mit den Resten

$$1 \; 2 \; 3 \ldots \; c-1,$$

wenn auch in veränderter Ordnung, zusammenfallen müssen. Das Product beider Reihen muß daher nach dem Modul c einerlei Rest lassen, so daß man hat:

$$a \times 2a \times 3a \times 4a \ldots \times (c-1)a \equiv 1 \times 2 \times 3 \times 4 \ldots \times (c-1), \text{ mod. } c,$$

oder:

$$a^{c-1} \times 1 \times 2 \times 3 \times 4 \ldots \times (c-1) \equiv 1 \times 2 \times 3 \times 4 \ldots \times (c-1), \text{ mod. } c.$$

Ist nun c eine zusammengesetzte Zahl, so ist das Product $1\times2\times3\ldots.\times(c-1)=P$ durch c theilbar, oder $P\equiv0$, mod. c. Ist aber c eine Primzahl, so kann P nicht durch c theilbar sein, weil alle Primfactoren des Productes P kleiner als c sind; (§. 6.) und man hat daher folgende Resultate:

$a^{c-1}\times P\equiv P$, mod. c, und P nicht $\equiv0$, mod. c.

Hieraus folgt nach §. 9. der Einleitung $a^{c-1}\equiv1$, mod. c, was zu beweisen war.

Anmerk. Dieser Satz ist von Fermat, einem französischen Mathematiker des 17ten Jahrhunderts, gefunden worden. Er ist für die gesammte Arithmetik von der größten Wichtigkeit.

Zusatz. Ist c eine ungrade Primzahl, so ist $\frac{c-1}{2}$ eine ganze Zahl, und da $a^{c-1}=a^{\frac{c-1}{2}}\times a^{\frac{c-1}{2}}\equiv1$, mod. c, so muß $a^{\frac{c-1}{2}}$ entweder $\equiv+1$ oder $\equiv-1$ sein, mod. c.

Beispiel.

$c=5.2^4\equiv1.3^4\equiv1.4^4\equiv1$, mod. 5.

$\frac{c-1}{2}=2.2^2\equiv-1.3^2\equiv-1.4^2\equiv1$, mod. 5.

$c=7.2^6\equiv1.3^6\equiv1.4^6\equiv1.5^6\equiv1.6^6\equiv1$, mod. 7.

$\frac{c-1}{2}=3.2^3\equiv1.3^3\equiv-1.4^3\equiv1.5^3\equiv-1.6^3\equiv-1$, mod. 7.

2. Lehrsatz. Ist d eine positive Zahl von der Beschaffenheit, daß es keinen niedrigern Exponenten als d giebt, welcher, für die gegebene Zahl a, der Congruenz $a^d\equiv1$, mod. c, Genüge leistete, und ist außerdem auch für den Exponenten e: $a^e\equiv1$, mod. c, so ist d ein Divisor von e.

Beispiel. Für den Modul 11 giebt es keine kleinere Zahl als 5, welche $3^d\equiv1$, mod. 11, machte. Dieser Werth von d, d. i. 5, muß, nach dem Lehrsatze, ein Divisor von $11-1$ sein, weil $3^{10}\equiv1$, mod. 11.

Beweis. Nach der Voraussetzung ist neben $a^e\equiv1$, mod. c, auch noch $a^d\equiv1$, mod. c, und d kleiner als e. Dividirt man mit d in e, so findet man einen Quotienten q, und einen Rest r, welcher kleiner als d ist. Man hat also $e = qd + r$, und folglich $a^{qd+r} \equiv 1$, mod. c.

Es ist aber $a^{qd+r} = a^{qd} \times a^r$, und weil $a^d \equiv 1$, mod. c, so ist auch $a^{qd} \equiv 1^q \equiv 1$, mod. c, folglich auch $a^r \equiv 1$, mod. c.

Wäre nun r nicht gleich Null, so gäbe es eine kleinere Zahl als d, welche die vorgelegte Congruenz befriedigte, nemlich r. Da aber d unter allen möglichen die kleinste sein soll, so kann es keine kleinere r geben; also ist $r = 0$ und $e = q.d$, also d ein Divisor von e, w. z. b. w.

Zusatz. Die Zahlen $1, a, a^2, a^3, a^4 \ldots\ldots$ bis a^{d-1} lassen nach dem Modul c alle ungleiche Reste. Denn wären die Reste von a^r und $a^{r'}$ gleich, dabei aber die Exponenten r und r' beide kleiner als d, so sei r größer als r', und da man hat: $a^r \equiv a^{r'}$, mod. c, so folgt: $a^r - a^{r'} \equiv 0$, mod. c, also: $a^{r'}(a^{r-r'} - 1) \equiv 0$, mod. c. Da nun $a^{r'}$ nicht $\equiv 0$, mod. c, so müßte $a^{r-r'} \equiv 1$, mod. c, sein; was nicht möglich, da $r - r'$ kleiner als d.

Diese ungleichen Reste von $1, a^2, a^3, \ldots\ldots a^{d-1}$ bilden eine Periode, welche sich bei wachsenden Exponenten wiederholt, so daß für jedes beliebige (positive) n:

$$1 \equiv a^{nd},\ a \equiv a^{nd+1},\ a^2 \equiv a^{nd+2},\ \ldots\ldots\ a^{d-1} \equiv a^{nd+d-1}.$$

Die Periode der Reste für die Potenzen von 3, nach dem Modul 11 ist z. B. 1, 3, 9, 5, 4, so daß $3^0 \equiv 1$, $3^1 \equiv 3$, $3^2 \equiv 9$, $3^3 \equiv 5$, $3^4 \equiv 4$, $3^5 \equiv 1$, $3^6 \equiv 3$, $3^7 \equiv 9$, $3^8 \equiv 5$, $3^9 \equiv 4$, $3^{10} \equiv 1$, etc. mod. 11.

Die Summe aller dieser verschiedenen Reste ist congruent der Summe $1 + a + a^2 + \ldots\ldots + a^{d-1} = \dfrac{a^d - 1}{a - 1}$.

Nun ist $a^d - 1 \equiv 0$, mod. c; ferner aber auch $a^d - 1 \equiv 0$, mod. $a - 1$. Man kann annehmen, daß a kleiner als c; daher sind c und $a - 1$ relative Primzahlen, und folglich $a^d - 1$ theilbar durch das Product $c.a - 1$; also: $\dfrac{a^d - 1}{a - 1} \equiv 0$, mod c. (§. 7. Einleitung).

Das Product aller dieser Reste ist:

$$\equiv 1 \times a \times a^2 a^3 \times \ldots \times a^{d-1} \equiv a^{\frac{d.d-1}{2}} \equiv \pm 1, \text{ mod. } c;$$

und zwar gilt das Zeichen $+$, wenn d ungrade, dagegen $-$, wenn d grade ist; denn in diesem Falle ist $a^{\frac{d}{2}} \equiv -1$, mod. c.

3. Lehrsatz. Ist

$$Ax^n + Bx^{n-1} + Cx^{n-2} + \ldots + Fx + G = fx$$

eine algebraische Function von x, deren Coëfficienten A, B, C, ... F, G ganze Zahlen sind, so kann die Congruenz $fx \equiv 0$, mod. c, (in welcher c wie bisher eine Primzahl bedeutet) nicht mehr als n verschiedne Auflösungen haben, d. h. es giebt höchstens n positive ganze Zahlen, die kleiner als c sind, und der vorgelegten Congruenz Gnüge leisten.

Beweis. Zuvörderst wird vorausgesetzt, daß n kleiner ist als c; wäre dies in der ursprünglich gegebenen Form fx nicht der Fall, so kann man statt des gegebenen n den Rest setzen, welcher bleibt, wenn man mit $c-1$ in n dividirt; da für jedes beliebige $x: x^{(c-1)q+r} \equiv x^r$, mod. c, und der vorstehende Lehrsatz gilt dann von diesem Reste.

Nun sei k eine Auflösung der Congruenz, also $fk \equiv 0$. Alsdann ist auch für jede Auflösung $x: fx - fk \equiv 0$, mod. c.

Ferner ist $x^n - k^n \equiv 0$, mod. $x-k$, für jedes beliebige n. Setzt man nemlich $x-k=y$, $x=y+k$, so ist zuvörderst: $y+k \equiv k$, mod. y; folglich auch $(y+k)^n \equiv k^n$, mod. y; w. z. b. w.

Da nun

$$fx - fk = A(x^n - k^n) + B(x^{n-1} - k^{n-1}) + \ldots + F(x-k),$$

so ist $fx - fk \equiv 0$, mod. $x-k$.

Da ferner nach der Voraussetzung x und k kleiner sind als c, so sind $x-k$ und c relative Primzahlen; folglich auch $fx-fk$ theilbar durch $c(x-k)$, also $\frac{fx-fk}{x-k} \equiv 0$, mod. c

Sämmtliche Auflösung der Congruenz $fx \equiv 0$, mod. c, welche vom $n$ten Grade ist, sind also, mit Ausnahme einer einzigen, in der Congruenz $\frac{fx-fk}{x-k} \equiv 0$, mod. c, enthalten, welche vom $n-1$ten Grade ist. Nun hat eine Congruenz des ersten Grades nur höchstens eine Auflösung; also eine des zweiten Grades höchstens 2, des dritten höchstens 3, etc.

4. Lehrsatz. Ist n ein Primfactor von $c-1$, so läßt sich immer eine Zahl x finden, welche positiv und kleiner als c, dabei verschieden von 1, und der Congruenz $x^n \equiv 1$, mod. c. Genüge leistet.

Beweis. Unter den Zahlen 1 2 3 4 .... $c-1$ giebt es nothwendig eine, z. B. g, welche der Congruenz $g^{\frac{c-1}{n}} \equiv 1$, mod. c, nicht Genüge leistet (§. 3.).

Es sei nun $g^{\frac{c-1}{n}} \equiv h$, mod. c, so ist $g^{c-1} \equiv h^n \equiv 1$, mod. c; also h eine Auflösung der vorgelegten Congruenz.

Zusatz. Alle Reste der Zahlen 1, h, h^2, h^3 .... h^{n-1}, mod. c, sind verschieden. Denn wenn $h^r \equiv h^{r'}$, mod. c, und r, r' kleiner als n, so folgt

$$h^{r'}(h^{r-r'}-1) \equiv 0, \text{ mod. } c; \text{ also } h^{r-r'} \equiv 1, \text{ mod. } c.$$

Setzen wir nun $r-r'=r''$, so ist r'' kleiner als die Primzahl n, und sowohl:

$$h^{r''} \equiv 1, \text{ mod. } c, \text{ als auch } h^n \equiv 1, \text{ mod. } c.$$

Da nun r'' und n relative Primzahlen sind, so kann man immer zwei positive Zahlen μ und ν finden, welche die Gleichung $r''\mu - n\nu = 1$ befriedigen.

Aus $h^{r''} \equiv 1$, $h^n \equiv 1$, mod. c, folgt demnach $h^{r''\mu} \equiv 1$, $h^{n\nu} \equiv 1$, mod. c; also $h^{n\nu} \equiv 1$ und $h^{n\nu+1} \equiv 1$, mod. c, folglich $h \equiv 1$, mod. c.

Nach der Voraussetzung ist aber h nicht $\equiv 1$, mod. c.

Also sind die Reste 1, h, h^2, ... h^{n-1} sämmtlich verschieden.

5. Lehrsatz. Ist a eine Primzahl und a^α ein Divisor von $c-1$, so giebt es immer eine Zahl h, welche zum Exponenten a^α so gehört, daß keine niedrigere Potenz von h, als eben die vom Exponenten a^α, der Einheit congruent ist.

Man hat also $h^{a^a} \equiv 1$, mod. c, dagegen nicht: $h^b \equiv 1$, mod. c, sobald b kleiner als a^a.

Beweis. Man suche unter den Zahlen von 1 bis $c-1$ eine, g, von der Beschaffenheit, daß $g^{\frac{c-1}{a}}$ nicht congruent der Einheit sei, nach dem Modulus c. Eine solche muß es, nach §. 3., immer geben. Nun sei $g^{\frac{c-1}{a^a}} \equiv h$, mod. c, so ist h nicht congruent 1, mod. c, und eben so wenig sind es die Potenzen von h zu den Exponenten $a, a^2, \ldots . a^{a-1}$. Dagegen ist $h^{a^a} \equiv g^{c-1} \equiv 1$, mod. c. Daher gehört h entweder zum Exponenten a^a, oder zu einem Divisor desselben, nach §. 2. Der letztere Fall findet aber, wie eben bewiesen, nicht Statt; also gehört h zum Exponenten a^a, w. z. b. w.

Erklärung. Man sagt überhaupt, eine Zahl h gehört zum Exponenten d, wenn unter allen Zahlen d die kleinste ist, welche $h^d \equiv 1$, mod. c, giebt. Daß d ein Divisor von $c-1$ sein muß, folgt aus §. 1. und 2.

6. **Lehrsatz.** Es giebt immer eine Zahl B, welche zu einem gegebenen Divisor b von $c-1$ gehört.

Beweis. Ist b eine Primzahl oder eine Potenz einer Primzahl, so ist der Satz in §. 4. und 5. bewiesen. Es sei also $b = a^a . a'^{a''} . a''^{a''} \ldots$, $a, a', a'', \ldots$ **ungleiche** Primzahlen. Es gehöre A zum Exponenten a^a, A' zum Exponenten $a'^{a'}$, u. s. f. (§. 5.), so gehört das Product $B = A . A' . A'' \ldots$ zum Exponenten b.

Zuvörderst ist klar, daß $B^b \equiv A^b . A'^b . A''^b \ldots \equiv 1$, mod. c.

Es sei ferner d der kleinste Exponent zu B, so daß $B^d \equiv 1$, mod. c, so muß d ein Divisor von b sein, nach §. 2.

Da nun b ein Vielfaches von d, so kann man d mit einer solchen Zahl n multipliciren, daß in dem Producte nd alle Primzahlen a', a'', ... mit denselben Exponenten vorkommen, welche sie in der Zahl b haben, und nur eine dieser Primzahlen a einen Exponenten β behält, welcher kleiner ist als der Exponent α derselben Primzahl a in b.

Hiernach ist $nd = a^{\beta}.a'^{\alpha'}.a''^{\alpha''}....$, $b = a^{\alpha}.a'^{\alpha'}.a''^{\alpha''}....$, $b = nd.a^{\alpha-\beta}$.

Alsdann ist $A'^{nd} \equiv 1$, $A''^{nd} \equiv 1$, mod. c, u. s. f., dagegen $A^{nd} \equiv A^{\frac{b}{a^{\alpha}}\times a^{\beta}}$.

Da nun A zum Exponenten a^{α} gehört, so ist A^e nicht $\equiv 1$, wofern nicht e ein Vielfaches von a^{α} ist (§. 2.).

Nun ist aber $\frac{b}{a^{\alpha}} \times a^{\beta}$ kein Vielfaches von a^{α}, da β kleiner ist als α, folglich kann auch A^{nd} nicht $\equiv 1$ sein, mod. c.

Daher ist auch $B^{nd} = A^{nd} \times A'^{nd} \times A''^{nd} \dots$ nicht $\equiv 1$, mod. c, sobald d ein Divisor von b ist, und folglich ist noch weniger $B^d \equiv 1$, mod. c. Also ist b der kleinste Exponent, welcher giebt $B^b \equiv 1$, mod. c, oder es gehört B zum Exponenten b, mod. c.

Zusatz. Ist b ein Divisor von $c-1$, so hat die Congruenz $x^b \equiv 1$, mod. c, b von einander verschiedene Auflösungen in positiven Zahlen, die kleiner sind als c.

Beweis. Es gehöre B zum Exponenten b, so sind die Reste der Zahlen

$$1,\ B,\ B^2,\ B^3,\ \dots\ B^{b-1}$$

sämmtlich von einander verschieden; wie schon in §. 2. bewiesen worden. Ist nun ein solcher Rest r, oder $B^m \equiv r$, mod. c, und m kleiner als b, so ist $B^{mb} \equiv r^b \equiv 1$, mod. c, also r eine Auflösung der vorgelegten Congruenz $x^b \equiv 1$, mod. c.

Zusatz. Es läßt sich immer eine Zahl B finden, welche zum Exponenten $c-1$ gehört. Ist nemlich $c-1 = a^\alpha . a'^{\alpha'} . a''^{\alpha''} \ldots$, wo a, a', a'' ...., wie vorhin, ungleiche Primzahlen vorstellen, und gehört A zum Exponenten a^α, A' zu $a'^{\alpha'}$, etc., so ist die gesuchte Zahl $B \equiv AA'A'' \ldots$, mod. c, wie im §. Der Beweis ist dem obigen, welcher zunächst für den Fall geführt wurde, daß b ein Divisor von $c-1$ sei, völlig gleichlautend.

Gehört nun die Zahl B, welche positiv und kleiner als c anzunehmen ist, zum Exponenten $c-1$, so heißt B eine primitive Wurzel von c.

7. Lehrsatz. Die Anzahl der Zahlen B, welche zum Exponenten b gehören, ist eben so groß, als die Anzahl der relativen Primzahlen gegen b, die kleiner sind als b.

Beweis. Da $B^b \equiv 1$, mod. c, so sind auch $(B^2)^b$, $(B^3)^b \ldots \equiv 1$, mod. c, etc. Ist nun μ eine relative Primzahl gegen b, die kleiner ist als b, so gehört B^μ zum Exponenten b. Denn gehörte B^μ zum Exponenten b', so wäre $B^{\mu b'} \equiv 1$, mod. c, was nicht möglich ist, wofern nicht $\mu b'$ ein Vielfaches von b, und folglich b' ein Vielfaches von b, oder, da b' der kleinste mögliche Exponent sein soll, $b' = b$ ist.

Haben dagegen μ und b einen gemeinschaftlichen Factor w, so gehört, wie leicht zu sehen, B^μ nicht zum Exponenten b, da schon $(B^\mu)^{\frac{b}{w}} = B^{\frac{\mu b}{w}} = B^{\frac{\mu}{w} \times b} \equiv B^b \equiv 1$ ist.

Zusatz. Die Zahl der primitiven Wurzeln von c ist gleich der Anzahl der relativen Primzahlen gegen $c-1$, die kleiner sind als $c-1$.

8. Wir wollen die in den §§. 4.—7. enthaltene Theorie auf ein Beispiel anwenden, und zu diesem Zwecke die Primzahl 19 wählen. Demnach ist $c = 19$, $c-1 = 28 = 2.3^2$.

Nimmt man nun (§. 4.) $n = 3$, so ist g^6 nicht $\equiv 1$, für $g = 2$; man erhält nemlich $2^6 \equiv 7$, also $h = 7$, $7^3 \equiv 1$. Die Reste der Zahlen 1, 7, 7^2 sind alle verschieden; sie sind nemlich der Reihe nach 1, 7, 11.

Nimmt man ferner (§. 5.) $a^\alpha = 3^2$, so ist zunächst $2^6 \equiv 7$, mod. 19, und $2^2 \equiv 4$, also gehört 4 zum Exponenten 9. Für die Potenzen von 4:

$4 . 4^2 . 4^3 . 4^4 . 4^5 . 4^6 . 4^7 . 4^8 . 4^9$ findet man die Reste:
$4 . 16 . 7 . 9 . 17 . 11 . 6 . 5 . 1$.

Der Divisor von 18, welcher in §. 6. mit b bezeichnet wurde, sei 6. Nun gehört die Zahl 18 zum Exponenten 2, und 7 zum Exponenten 3; also ist $B \equiv 18 \times 7 \equiv -7 \equiv 12$ zum Exponenten 6 gehörig. Die Zahlen:

$12 \quad 12^2 \quad 12^3 \quad 12^4 \quad 12^5 \quad 12^6$ geben die Reste:
$12 \quad 11 \quad 18 \quad 7 \quad 8 \quad 1$, mod. 19.

Wir wollen noch, um den Inhalt des §. 7. zu erläutern sämmtliche Zahlen von 1 bis 18 durchgehen und zu jeder den zugehörigen Exponenten suchen. Das Resultat enthält die folgende Tabelle, in welcher zuerst die Zahlen und rechts daneben die zugehörigen Exponenten stehen.

1	1	7	3	13	18
2	18	8	6	14	18
3	18	9	9	15	18
4	9	10	18	16	9
5	9	11	3	17	9
6	9	12	6	18	2

Die Divisoren von $18 = 2 \times 3^2$ sind: 1.2.3.6.9.18.
Die Anzahl der zu jedem gehörigen Exponenten 1.1.2.2.6.6.
Primitive-Wurzeln zum Exponenten 19 sind folgende 6:
2, 3, 10, 13, 14, 15.

Euler hat eine Tafel für die primitiven Wurzeln der Primzahlen bis 37 berechnet, an deren Untersuchung der Leser sich üben kann, wobei von dem Lehrsatze in §. 7. Gebrauch zu machen ist.

Primzahlen.	Primitive Wurzeln.
3	2
5	2. 3
7	3. 5.
11	2. 6. 7. 8
13	2. 6. 7.11.
17	3. 5. 6. 7.10.11.12.14
19	2. 3.10.13.14.15
23	5. 7.10.11.14.15.17.19.20.21
29	2. 3. 8.10.11.14.15.18.19.21.26.27
31	3.11.12.13.17.21.22.24
37	2. 5.13.15.17.18.19.20.22.24.32.35.

9. Sind b und b' zwei ungleiche Divisoren von $c-1$, so gehört offenbar nicht dieselbe Zahl zu beiden Exponenten; jede Zahl aber von 1, 2, 3, ... bis $c-1$ gehört nothwendig zu irgend einem Exponenten; und zwar gehören zu jedem Exponenten so viele Zahlen, als es relative Primzahlen gegen den Exponenten giebt, die kleiner sind als dieser. Es stellen nun $1, b, b', b'', \ldots$ alle verschiedenen Divisoren von $c-1$ vor, und $\varphi 1, \varphi b, \varphi b', \varphi b'', \ldots$ bezeichne die Anzahl der zu jedem b gehörigen Zahlen, so sind dies zugleich die Anzahlen der relativen Primzahlen gegen $b, b', \ldots$ und man hat:

$$\varphi 1 + \varphi b + \varphi b' + \varphi b'' \ldots + \varphi(c-1) = c-1.$$

In dem Beispiele des §. waren die Divisoren

$$1.2.3.6.9.18.$$

Man hat $\varphi 1 = 1$, $\varphi 2 = 1$, $\varphi 3 = 2$, $\varphi 6 = 2$, $\varphi 9 = 6$, $\varphi 18 = 6$, und

$$1 + 1 + 2 + 2 + 6 + 6 = 18.$$

Dieser Satz, auf welchen man durch die vorstehende Theorie geführt wurde, gilt nicht bloß von der Zahl $c-1$, welche der Primzahl c zunächst vorhergeht, sondern von jeder beliebigen Zahl. Nemlich:

Es sei A eine beliebige Zahl, und ihre sämmtlichen ungleichen Divisoren seien $1, b, b', b''$, etc. Sucht man nun zu jedem Divisor b von A, diese Zahl selbst mit eingeschlossen, die Anzahl φb der relativen Primzahlen gegen b, die kleiner sind, als b; so ist die Summe der erhaltenen Zahlen $\varphi 1 + \varphi b + \varphi b' \ldots + \varphi A = A$.

Wir wollen aber den Beweis dieses Satzes, von welchem im Folgenden nicht mehr Gebrauch gemacht wird, übergehen.

10. Lehrsatz. Ist b ein Divisor von $c-1$, so erhält der Ausdruck x^b, wenn man für x nach der Reihe die Zahlen 1, 2, 3, 4 .... $c-1$ setzt, $\frac{c-1}{b}$ verschiedene, d. h. nach dem Modul c nicht congruente Werthe.

Beweis. Für $x = e$ werde $e^b \equiv a$, mod. c. Es gehöre ferner α zum Exponenten b, so stellen (§. 6. Zus. 1.) die Zahlen

$$1, \alpha, \alpha^3, \alpha^2 \ldots \alpha^{b-1}$$

sämmtliche Auflösungen der Congruenz $y^b \equiv 1$, mod. c, vor.

Alsdann erhält man sämmtliche Auflösungen der Congruenz $x^b \equiv a$, nemlich $e, e\alpha, e\alpha^2, e\alpha^3 \ldots e\alpha^{b-1}$; der Anzahl nach b, die, wie leicht zu sehen, alle untereinander verschieden sind.

Es sei nun e' eine Zahl, welche unter den vorigen $e, e\alpha, e\alpha^2, \ldots$ nicht enthalten ist, so findet man $e'^b \equiv a'$, mod. c, und es ist a' von a verschieden, d. h. a' nicht $\equiv a$, mod. c.

Man erhält nun wieder sämmtliche Auflösungen der Congruenz $x^b \equiv a'$, mod. c, durch die Zahlen $e', e'\alpha, e'\alpha^2 \ldots \ldots e'\alpha^{b-1}$, welche alle untereinander verschieden, d. h. nach dem Modul c incongruent sind. Ferner ist auch keine Zahl $e'\alpha^m$ aus der zweiten Reihe einer andern $e\alpha^{m'}$ aus der ersten Reihe congruent. Denn wäre $e'\alpha^m \equiv e\alpha^{m'}$, mod. c, so würde folgen, $(e'\alpha^m)^b \equiv (e\alpha^{m'})^b$, also $a' \equiv a$, mod. c.

Nennt man nun n die Anzahl aller verschiedenen Werthe $a, a', \ldots,$ welche die Zahl x^b für die verschiedenen Werthe von x: 1, 2, 3, ... $c-1$ erlangt, so gehören zu jedem a b Werthe von x, die unter sich und von allen andern verschieden sind.

Alle mögliche Werthe von x sind aber der Zahl nach $c-1$; also ist $n \times b = c-1$, $n = \frac{c-1}{b}$, w. z. b. w.

11. **Lehrsatz.** Es sei $bb' = c-1$, so ist die Congruenz $x^b \equiv a$, mod. c, vorausgesetzt daß a nicht $\equiv 0$, mod. c, möglich oder unmöglich, je nachdem $a^{b'} \equiv 1$, mod. c, oder nicht.

Beweis. Zuerst ist die Congruenz nicht möglich, wofern nicht $a^{b'} \equiv 1$, mod. c.

Denn wenn es eine Zahl x giebt, welche die Congruenz $x^b \equiv a$, mod. c, auflöst, so ist für diese Zahl x

$$(x^b)^{b'} = x^{bb'} = x^{c-1} \equiv 1 \equiv a^{b'}.$$

Die Bedingung $a^{b'} \equiv 1$, mod. c, als befriedigt vorausgesetzt, ist noch zu beweisen, daß die Congruenz $x^b \equiv a$, mod. c, dann wirklich eine Auflösung hat.

Der Ausdruck x^b hat (nach §. 10.) b' verschiedene Werthe, und die Congruenz $y^{b'} \equiv 1$, mod. c, eben so viele verschiedene Wurzeln (§. 6. Zus. 1.), unter welchen letzteren sich auch a befindet, da $a^{b'} \equiv 1$, mod. c. Jeder der ungleichen Werthe von x^b ist nun nothwendig einem Werthe von y gleich, da immer $(x^b)^{b'} \equiv 1$, mod. c; wäre nun nicht jeder Werth von y gleich einem Werthe von x^b, so gäbe es mehr verschiedene Werthe von y als von x^b; was, wie bewiesen, nicht der Fall ist. Daher ist der Werth a von y nothwendig einem der Werthe von x^b gleich; d. h. die Gleichung $x^b \equiv a$, mod. c, ist lösbar, sobald $a^{b'} \equiv 1$, mod. c.

Anmerk. Und zwar, wenn die Zahl α zum Exponenten b gehört, und $x = e$ eine Auflösung der Congruenz $x^b \equiv a$, mod. c, ist, so giebt es deren b verschiedene, nemlich: e, $e\alpha$, $e\alpha^2$, $e\alpha^3$, ... $e\alpha^{b-1}$, und nicht mehr (§. 3.).

12. **Lehrsatz.** Ist n eine relative Primzahl gegen $c-1$, so hat die Congruenz $x^n \equiv a$, mod. c, allemal eine, und nicht mehr als eine Wurzel, vorausgesetzt, daß a nicht $\equiv 0$, mod. c.

Beweis. Daß zuvörderst die Congruenz eine Wurzel hat, ergiebt sich wie folgt. Es gehöre a zum Exponenten b, der ein Divisor von $c-1$ ist, so sind n und b relative Primzahlen, und man kann daher zwei positive Zahlen ν und β finden, welche der unbestimmten Gleichung $n\beta = b\nu + 1$ Genüge leisten.

Setzt man nun $x \equiv a^\beta$, so ist $x^n \equiv a^{\beta n} \equiv a^{b\nu+1}$, und da $a^b \equiv 1$, also $a^{b\nu} \equiv 1$, $x^n \equiv a$, mod. c. Also ist $x \equiv a^\beta$ eine Auflösung der vorgelegten Congruenz, in welcher β kleiner als b angenommen werden kann.

Es bleibt nun noch übrig zu beweisen, daß außer der gefundenen Auflösung eine zweite nicht möglich ist. Wird, der Abkürzung wegen, $a^\beta \equiv e$, mod. c, gesetzt, so ist $a^{\beta n} \equiv e^n \equiv a$, mod. c, und die Congruenz $x^n \equiv a$, mod. c, ist daher gleichbedeutend mit der folgenden $x^n \equiv e^n$, mod. c.

Nehmen wir nun an, es gebe außer $x = e$ noch eine zweite Auflösung g, so daß $g^n \equiv e^n$, mod. c; aber nicht $g \equiv e$, mod. c. Da nun e nicht $\equiv 0$, mod. c, so ist die Congruenz $g \equiv ey$, mod. c, lösbar, indem e und c relative Primzahlen sind. Man soll also haben:

$$g^n \equiv (ey)^n \equiv ey^n \equiv e^n, \text{ also } y^n \equiv 1, \text{ mod. } c.$$

Nehmen wir also an, daß es außer 1 noch einen andern Werth von y gebe, nemlich f, so daß $f^n \equiv 1$, mod. c, und f kleiner als c.

Die Zahl f gehöre zum Exponenten d, also $f^d \equiv 1$, mod. c, so ist d Divisor von $c-1$ und folglich Nicht-Divisor von n; zugleich aber nothwendig d kleiner als n. Nach §. 2. muß aber d ein Divisor von n sein soll.

Also kann bie Zahl y nicht von 1 verschieden sein; und es ist daher $g \equiv e$, was, nach der Voraussetzung, nicht sein sollte.

Folglich hat die vorgelegte Congruenz nur eine Auflösung.

Anmerk. Ist $a \equiv 0$, mod. c, und $x^n \equiv a \equiv 0$, mod. c, so folgt $x \equiv 0$, mod. c.

13. Lehrsatz. Ist n wiederum eine relative Primzahl gegen $c-1$, und $bb'=c-1$, oder b ein Divisor von $c-1$, ist ferner die Bedingung $a^{b'}\equiv 1$, mod. c, erfüllt, so hat die Congruenz $x^{bn}\equiv a$, mod. c, b und nicht mehr als b Auflösungen.

Beweis. Da die Congruenz $x^n\equiv g$, mod. c, eine und nicht mehr als eine (§. 12.) Auflösung hat, so folgt, daß wenn man dem x nach und nach alle Werthe 1, 2, 3, 4, ... $c-1$ giebt, die Reste von x^n alle von einander verschieden sein, und daher, in einer nicht voraus zu bestimmenden Ordnung, mit den Zahlen 1, 2, 3, ... $c-1$ zusammenfallen müssen. Unter allen diesen Resten von x^n befinden sich aber b, und nicht mehr als b, welche auf die $b$te Potenz erhoben, den Rest a lassen (§. 11. Zus.). Folglich giebt es auch eben so viel Werthe von x, welche die gegebene Congruenz $x^{nb}\equiv a$, mod. c, befriedigen.

14. Beispiel. Es soll x aus der Bedingung gefunden werden, daß $x^5\equiv 3$, mod. 19.

Die Zahl 3 gehört zum Exponenten 18; man suche daher die Zahl β und ν aus der Gleichung $5\beta=18\nu+1$; man findet $\beta=11.\nu=3$.

Folglich ist $x\equiv 3^{11}$ zu nehmen, d. i. $x\equiv 10$, mod. 19. Man erhält hieraus: $10^5\equiv 3$, mod. 19.

Um noch ein Beispiel von dem Satze zu geben, daß sämmtliche Reste von x^n, mod. c (§. 13.), verschieden sind, nehmen wir x^5, mod. 19. Man erhält:

$$\left.\begin{array}{lll} 1^5\equiv 1, & 7^5\equiv 11, & 13^5\equiv 14, \\ 2^5\equiv 13, & 8^5\equiv 12, & 14^5\equiv 10, \\ 3^5\equiv 15, & 9^5\equiv 16, & 15^5\equiv 2, \\ 4^5\equiv 17, & 10^5\equiv 3, & 16^5\equiv 4, \\ 5^5\equiv 9, & 11^5\equiv 7, & 17^5\equiv 6, \\ 6^5\equiv 5, & 12^5\equiv 8, & 18^5\equiv 18, \end{array}\right\}\text{mod. } 19.$$

Suchen wir endlich noch die Auflösungen der Congruenz $x^{15}\equiv 7$, mod. 19. Es ist also (§. 13.) $n=5$, $b=3$,

$b' = 6$; und da $7^3 \equiv 1$, mod. 19, auch $7^6 \equiv 1$, mod. 19, also die Aufgabe lösbar. Nun sind die Auflösungen von $y^3 \equiv 7$, mod. 19, die folgenden: 4, 4×7, 4×7^2, d. i. 4, 9, 6; und folglich ergeben sich für x die Werthe 16, 5, 17, welche man unmittelbar aus der vorstehenden Tabelle nehmen kann.

Dritter Abschnitt.

Von den quadratischen Resten.

1. Ist c eine Primzahl und b eine beliebige positive oder negative Zahl, so heißt b quadratischer Rest von c, wenn es möglich ist, ein Quadrat (x^2) zu finden, welches nach dem Modul c congruent b ist.

Giebt es dagegen kein solches Quadrat, so ist b quadratischer Nichtrest von c.

Ist die Primzahl c ungrade, oder schließt man den Fall $c = 2$ aus, so ist $\frac{c-1}{2}$ eine ganze Zahl. Soll nun $x^2 \equiv b$, mod. c, sein, so wird erfordert, und ist hinreichend, daß $b^{\frac{c-1}{2}} \equiv 1$ sei, mod. c (§. 11. Abschn. 2.) *).

Da ferner $b^{c-1} = \left(b^{\frac{c-1}{2}}\right)^2 \equiv 1$, so ist $b^{\frac{c-1}{2}}$ entweder $\equiv +1$ oder $\equiv -1$, mod. c. Folglich erhält man den Lehrsatz:

b ist quadratischer Rest oder Nichtrest von c, je nachdem $b^{\frac{c-1}{2}} \equiv +1$ oder $b^{\frac{c-1}{2}} \equiv -1$, mod. c.

Sind die beiden Zahlen b und b' zugleich quadratische Reste oder Nichtreste von c, so ist bb' ihr Product quadratischer Rest von c.

*) Der Fall $b \equiv 0$, mod. c, ist hier, wie im Folgenden, ausgeschlossen.

Denn ist $b^{\frac{c-1}{2}} \equiv +1$, und $b'^{\frac{c-1}{2}} \equiv +1$, so ist auch $(bb')^{\frac{c-1}{2}} \equiv +1$, mod. c. Und ist $b^{\frac{c-1}{2}} \equiv -1$, $b'^{\frac{c-1}{2}} \equiv -1$, so ist ebenfalls $(bb')^{\frac{c-1}{2}} \equiv +1$, mod. c.

Ist aber von diesen Zahlen b und b' die eine quadratischer Rest und die andere Nichtrest, so ist ihr Product bb' quadratischer Nichtrest von c.

Denn wenn $b^{\frac{c-1}{2}} \equiv +1$, $b'^{\frac{c-1}{2}} \equiv -1$, so ist

$$(bb')^{\frac{c-1}{2}} \equiv -1, \text{ mod. } c.$$

Wir werden im Folgenden für den Rest, welchen die Zahl $b^{\frac{c-1}{2}}$, mod. c, läßt, und welcher entweder $+1$ oder -1 ist, das Zeichen $\left(\frac{b}{c}\right)$ brauchen, welches von Legendre in seiner Theorie der Zahlen eingeführt worden ist. Die Zweckmäßigkeit dieses Zeichens wird später mehr ins Licht treten; für jetzt begnügen wir uns mit der folgenden Bemerkung:

Das Product der Reste $\left(\frac{b}{c}\right)$ und $\left(\frac{b'}{c}\right)$ ist gleich dem Reste $\left(\frac{bb'}{c}\right)$; oder: $\left(\frac{bb'}{c}\right) = \left(\frac{b}{c}\right)\left(\frac{b'}{c}\right)$.

Dieser Satz folgt unmittelbar aus der Bedeutung des Zeichens $\left(\frac{b}{c}\right)$; da nemlich:

$$\left(\frac{b}{c}\right) \equiv b^{\frac{c-1}{2}}, \quad \left(\frac{b'}{c}\right) \equiv b'^{\frac{c-1}{2}}, \text{ mod. } c, \text{ so ist:}$$

$$\left(\frac{b}{c}\right)\left(\frac{b'}{c}\right) \equiv (bb')^{\frac{c-1}{2}} \equiv \left(\frac{bb'}{c}\right).$$

2. Ist eine Primzahl c gegeben, so ist es sehr leicht, diejenigen Zahlen zu finden, welche quadratische Reste von c sind. Es sind dies nemlich die Reste der Quadrate: $1, 2^2, 3^2, 4^2, 5^2, \ldots (c-1)^2$, welche Reste, nach §. 10. des vorhergehen-

den Abschnitts, $\frac{c-1}{2}$ verschiedene Werthe haben. Die übrig bleibenden $\frac{c-1}{2}$ Zahlen sind quadratische Nichtreste von c. Von den Zahlen 1 2 3 .... $c-1$ ist also die Hälfte quadratischer Rest und die andere Hälfte Nichtrest von c.

Da $n^2 \equiv (c-n)^2$, mod. c, so kann man sich bei Aufsuchung der quadratischen Reste auf die Quadrate von 1, 4, 9 bis $\left(\frac{c-1}{2}\right)^2$ beschränken, indem die folgenden Quadrate $\left(\frac{c+1}{2}\right)^2$, $\left(\frac{c-3}{2}\right)^2$, ... $(c-1)^2$ wiederum dieselben Reste Reste in umgekehrter Ordnung geben.

Ferner ist es auch zuweilen vortheilhaft, alle Reste kleiner als $\frac{1}{2}c$ zu machen, in welchem Falle aber einige derselben ein negatives Zeichen erhalten. Ist nemlich b größer als $\frac{1}{2}c$ und kleiner als c, so ist $b-c$ negativ und kleiner als $\frac{1}{2}c$, und $b \equiv b-c$, mod. c.

Beispiel. Nach dem Modul 17 erhält man die quadratischen Reste aus den Zahlen:

1 4 9 16 25 36 49 64, nemlich
1 4 9 16 8 2 15 13, oder
+1 +4 −8 −1 +8 +2 −2 −4; d. i. ±1, ±2, ±4, ±8.

Die übrig bleibenden Zahlen: 3 5 6 7 10 11 12 14, sind quadratische Nichtreste von 17. Sie lassen sich auch schreiben: ±3, ±5, ±6, ±7.

Nach dem Modul 19 erhält man die Reste:

1, 4, 5, 6, 7, 9, 11, 16, 17, nach der Größe geordnet oder wenn man sämmtliche Reste kleiner als $\frac{19}{2}$ haben will.

+1, +4, +5, +6, +7, +9, −8, −3, −2.

Dagegen sind Nichtreste die Zahlen:

2, 3, 8, 10, 12, 13, 14, 15, 18, oder
2, 3, 8, −9, −7, −6, −5, −4, −1.

3. Lehrsatz. Ist c eine Primzahl von der Form $4n+1$ *), und b quadratischer Rest von c, so ist auch $-b$ quadratischer Rest von c.

Denn es ist -1 quadratischer Rest von c, da

$$\left(\frac{-1}{c}\right)=(-1)^{\frac{c-1}{2}}=(-1)^{2n}=+1,$$

folglich auch das Product $-1\times b$ oder $-b$ quadratischer Rest von c.

Ein Beispiel liefern die Reste von 17, im vorigen §.

Ist dagegen c eine Primzahl $4n+3$, und b quadratischer Rest von c, so ist $-b$ quadratischer Nichtrest von c. Denn man hat $\left(\frac{-b}{c}\right)=\left(\frac{-1}{c}\right)\left(\frac{b}{c}\right)=\left(\frac{-1}{c}\right)$, weil $\left(\frac{b}{c}\right)=1$. Nun ist $\left(\frac{-1}{c}\right)=(-1)^{2n+1}=-1$, also $\left(\frac{-b}{c}\right)=-1$. Vgl. §. 1. Ein Beispiel liefert die Primzahl 19 im vorigen §.

Eben so leicht sind folgende Sätze einzusehen:

Ist c eine Primzahl $4n+1$, und b quadratischer Nichtrest von c, so ist auch $-b$ quadratischer Nichtrest von c.

Und ist c eine Primzahl $4n+3$, b quadratischer Nichtrest von c, so ist $-b$ quadratischer Rest von c.

Da -1 quadratischer Rest ist für die Primzahlen $4n+1$, dagegen Nichtrest für die Primzahlen $4n+3$, so erhält man folgende Sätze:

jede Primzahl $4n+1$ ist ein Divisor von x^2+1,
keine Primzahl $4n+3$ ist ein Divisor von x^2+1;

d. h. es giebt immer Werthe von x, oder es giebt keinen Werth von x, welcher die Summe x^2+1 durch die gegebene Primzahl theilbar macht, je nachdem dieselbe $4n+1$ und $4n+3$ ist.

Solche Lehrsätze, wie die eben angeführten, für gegebene Zahlen, welche quadratische Reste oder Nichtreste sein sollen, zu

*) Wenn hier und später von der Form einer Primzahl die Rede ist, so bedeutet, wie der Leser leicht sich selbst sagen wird, das in dem Ausdrucke dieser Form vorkommende unbestimmte Zeichen, wie hier z. B. n, immer nur eine positive, nie eine negative ganze Zahl.

finden, wird der Gegenstand der folgende §. sein, in welchen man zu der Auflösung der folgenden Aufgabe gelangt:

Die Formen derjenigen Primzahlen anzugeben, von welchen eine gegebene Zahl quadratischer Rest ist.

4. Lehrsatz. Ist p eine ungrade Primzahl, und q eine nicht durch p theilbare Zahl, so sind die Reste der Zahlen q, $2q$, $3q$, $4q$, ... $\frac{p-1}{2}.q$, mod. p, alle von einander verschieden (Erster Abschn. §. 1.). Von diesen Resten, positiv genommen, welche alle kleiner als p sind, ist ein Theil kleiner als $\frac{1}{2}p$, ein anderer Theil größer als $\frac{1}{2}p$. Die Anzahl derjenigen Reste, welche größer sind als $\frac{1}{2}p$, sei gleich μ, so ist $q^{\frac{p-1}{2}} \equiv (-1)^{\mu}$, mod. p; oder nach unserer abgekürzten Bezeichnung $\left(\frac{q}{p}\right) = (-1)^{\mu}$.

Beweis. Bezeichnen wir mit den Buchstaben α_1, α_2, α_3, ... die Reste, welche kleiner sind als $\frac{1}{2}p$, die größeren aber mit β_1, β_2, β_3, ... β_{μ}. Alsdann sind die Zahlen $p-\beta_1$, $p-\beta_2$, $p-\beta_3$, ... alle kleiner als $\frac{1}{2}p$, und keine derselben gleich irgend einem der Reste $\alpha_1\, \alpha_2$ .... Denn wäre $p-\beta \equiv \alpha$, mod. p, $\alpha+\beta \equiv 0$, mod. p, und $\alpha \equiv mq$, $\beta \equiv nq$, mod. p, m und n kleiner als $\frac{1}{2}p$, so würde folgen $\alpha+\beta \equiv (m+n)q \equiv 0$, mod. p, und da q nicht $\equiv 0$, $m+n \equiv 0$, mod. p, was nicht möglich ist, da $m+n$ nothwendig kleiner als p.

Da also die Zahlen α_1, α_2, α_3 .... $p-\beta_1$, $p-\beta_2$ ... ... $p-\beta_{\mu}$, der Anzahl nach $\frac{p-1}{2}$, alle positiv, kleiner als $\frac{1}{2}p$, und von einander verschieden sind, so müssen sie in einer nicht vorher zu bestimmenden Ordnung mit den Zahlen 1, 2, 3, ... $\frac{p-1}{2}$ zusammenfallen und man erhält daher:

$$\alpha_1 \times \alpha_2 \times \alpha_3 \times \ldots . p-\beta_1 \times p-\beta_2 \times \ldots . \times p-\beta_{\mu}$$
$$= 1 \times 2 \times 3 \times 4 \ldots . \times \frac{p-1}{2},$$

oder, wenn man links die Vielfachen von p wegläßt:

$$\alpha_1 \alpha_2 \alpha_3 \ldots \beta_1 \beta_2 \ldots \beta_\mu \times (-1)^\mu \equiv 1.2.3 \ldots \frac{p-1}{2}, \text{ mod.} p.$$

Ferner ist

$$q.2q.3q \ldots \frac{p-1}{2} q = 1.2.3 \ldots \frac{p-1}{2} \times q^{\frac{p-1}{2}};$$

also weil

$$q.2q.3q \ldots \frac{p-1}{2}.q \equiv \alpha_1 \alpha_2 \alpha_3 \ldots \beta_1 \beta_2 \ldots \beta_\mu, \text{ mod.} p;$$

$$1.2.3 \ldots \frac{p-1}{2} \times q^{\frac{p-1}{2}} \times (-1)^\mu \equiv 1.2.3 \ldots \frac{p-1}{2}, \text{ mod.} p.$$

Nun ist aber das Product $1.2.3 \ldots \frac{p-1}{2}$ offenbar nicht $\equiv 0$, mod. p; folglich erhält man

$$q^{\frac{p-1}{2}} \times (-1)^\mu \equiv +1, \text{ mod.} p.$$

Multiplicirt man diese Congruenz auf beiden Seiten mit $(-1)^\mu$, so folgt $q^{\frac{p-1}{2}} \times (-1)^{2\mu} \equiv (-1)^\mu$, mod p; und weil $(-1)^{2\mu} = +1$,

$$q^{\frac{p-1}{2}} \equiv (-1)^\mu, \text{ mod.} p; \text{ w. z. b. w.}$$

Zusatz. Die Zahl q ist folglich quadratischer Rest oder Nichtrest von p, je nachdem μ grade oder ungrade ist.

5. Lehrsatz. $+2$ ist quadratischer Rest von allen Primzahlen der Formen $8n+1$, $8n+7$; Nichtrest aber von den Primzahlen $8n+3$, $8n+5$.

Beweis. Man setze in der obigen Formel (§. 4.) $q=2$, so ist zu untersuchen, in welchem Falle μ grade oder ungrade ist; oder wie viele von den Resten

$$2 \quad 2\times2 \quad 3\times2 \quad 4\times2 \quad 5\times2 \ldots \frac{p-1}{2} \times 2, \text{ mod.} p.$$

größer als $\frac{1}{2}p$ sind.

Es sei 1) $p = 8n+1$, $\frac{p-1}{2} = 4n$, so sind die Reste, sämmtlich kleiner als p, folgende:

$$2 \quad 2\times2 \quad 2\times3 \ldots 2\times2n \mid 2\times2n+1 \quad 2\times2n+2 \ldots 2\times4n.$$

2) $p = 8n + 3$; Reste:

$2 \; 2\times2 \ldots . 2\times2n \mid 2\times2n+1 \; 2\times2n+2 \ldots . 2\times4n+1.$

3) $p = 8n + 5$; Reste:

$2 \; 2\times2 \ldots . 2\times2n \; 2\times2n+1 \mid 2\times2n+2 \ldots . 2\times4n+2.$

4) $p = 8n + 7$; Reste:

$2 \; 2\times2 \ldots . 2\times2n \; 2\times2n+1 \mid 2\times2n+2 \ldots . 2\times4n+3.$

In den vorstehenden Zahlenreihen sind sämmtliche Reste unter $\frac{1}{2}p$, von denen über $\frac{1}{2}p$ durch einen Strich geschieden, und man braucht nur zu zählen, um zu finden daß für

$$p = 8n+1, \qquad \mu = 2n,$$
$$p = 8n+3, \qquad \mu = 2n+1,$$
$$p = 8n+5, \qquad \mu = 2n+1,$$
$$p = 8n+7, \qquad \mu = 2n+2.$$

Folglich ist μ grade für die Primzahlen $8n+1$, $8n+7$, dagegen ungrade für die Primzahlen $8n+3$, $8n+5$. Von den ersten ist also $+2$ quadratischer Rest; von den zweiten Nichtrest.

Zusatz. Da -1 quadratischer Rest für die Primzahlen $8n+1$, $8n+5$, dagegen Nichtrest für $8n+3$, $8n+7$ (§. 3.), so ist $-2 = -1 \times +2$ quadratischer Rest für die Primzahlen $8n+1$, $8n+3$; Nichtrest für die übrigen $8n+5$, $8n+7$. Hieraus fließen folgende Sätze:

1) Jede Primzahl $8n+1$ ist Divisor von x^2-2 und von x^2+2.
2) Jede Primzahl $8n+3$ ist Divisor von x^2+2.
3) Jede Primzahl $8n+7$ ist Divisor von x^2-2.
4) Keine Primzahl $8n+3$ ist Divisor von x^2-2.
5) Keine Primzahl $8n+7$ ist Divisor von x^2+2.
6) Keine Primzahl $8n+5$ ist Divisor von x^2-2 oder von x^2+2.

Beispiele der ersten 3 Sätze sind:

1) $6^2-2=34=2.17$. $7^2+2=3.17$.
2) $1+2=3$. $6^2+2=38=2.19$.
3) $3^2-2=7$. $5^2-2=23$. $8^2-2=62=2.31$.

6. Wir gelangen jetzt zu einem allgemeinen Satze, in welchem die ganze Theorie der quadratischen Reste enthalten ist, und welcher mit Recht der merkwürdigste Lehrsatz der höhern Arithmetik genannt werden kann. Nachdem man durch Erfahrung auf diesen Satz gekommen, und denselben nach vielen Bemühungen für gewisse besondere Fälle verwiesen hatte, gelang es endlich dem berühmten Gauß, in seinen Disquisitionibus arithmeticis zwei sehr verschiedene Beweise davon zu geben, welchen er später noch vier andere folgen ließ, die wegen der Mannigfaltigkeit der darin befolgten Methoden alle von großem Interesse sind. Wir werden denjenigen dieser Beweise mittheilen, welcher für den Leser, von dem hier vorauszusetzenden Standpuncte aus, am leichtesten verständlich sein dürfte.

Lehrsatz. Es seien p und q zwei ungrade Zahlen, welche keine gemeinschaftlichen Factor haben; es sei μ die Anzahl derjenigen kleinsten positiven Reste der Zahlen $q, 2q, 3q \ldots \ldots \frac{p-1}{2}.q$, welche größer sind als $\frac{1}{2}p$, nach dem Modul p; und ν die Anzahl derjenigen Reste der Zahlen $p, 2p, 3p \ldots \ldots \frac{q-1}{2}.p$, nach dem Modul q, welche größer sind als $\frac{1}{2}q$; so sind die Zahlen μ, ν und $\frac{p-1}{2} \times \frac{q-1}{2}$ entweder alle drei grade, oder eine grade, die beiden andern ungrade.

Beweis. Es werde

unter dem Zeichen f der Inbegriff der Zahlen $1, 2, 3, \ldots \frac{p-1}{2}$,

" " " f' " " " " " $\frac{p+1}{2} \ldots p-1$,

" " " F " " " " " $1, 2, 3, \ldots \frac{q-1}{2}$,

" " " F' " " " " " $\frac{q+1}{2} \ldots q-1$,

" " " φ " " " " " $1, 2, 3, \ldots \frac{pq-1}{2}$.

unter dem Zeichen φ' der Inbegriff der Zahlen $\frac{pq+1}{2} \ldots pq-1$ verstanden.

Unter den mit φ bezeichneten Zahlen ist offenbar keine zugleich durch p und q theilbar; weil alle kleiner sind, als das Product pq. Diese Zahlen φ nun lassen sich in folgende 8 Classen eintheilen:

1) Zahlen, welche nach Modul p einer Zahl aus der Reihe f, nach dem Modul q eine Zahl aus F congruent sind. Ihre Anzahl sei α.

2) Zahlen, welche nach dem Modul p einer Zahl aus f, nach dem Modul q einer Zahl aus F' congruent sind. Ihre Anzahl sei β.

3) Zahlen, nach p congruent f', nach q congruent F. Ihre Anzahl sei γ.

4) Zahlen, nach p congruent f', nach q congruent F'. Ihre Anzahl sei δ.

5) Zahlen nach p congruent Null, nach q congruent F. Ihre Anzahl wird gefunden, wie folgt:

Unter den Zahlen φ sind die folgenden $\frac{q-1}{2}$, nemlich:

$$p,\ 2p,\ 3p \ \ldots \ \frac{q-1}{2}p$$

durch p theilbar; die folgende $\frac{q+1}{2}p = \frac{qp+p}{2}$ ist schon nicht mehr unter den Zahlen φ begriffen. Unter diesen sind aber nach der Voraussetzung ν, welche nach dem Modul q Reste lassen, die größer sind als $\frac{1}{2}q$, d. h. die Reste F'; es bleiben also $\frac{q-1}{2} - \nu$ Zahlen der 5ten Classe.

6) Zahlen, nach p congruent Null, nach q congruent F'. Ihre Anzahl ist ν.

7) Zahlen nach p congruent f, nach q congruent 0. Ihre Anzahl wird, wie in 5, gefunden. Sie ist $\frac{p-1}{2} - \mu$.

8) Zahlen, nach p congruent f', nach q congruent 0. Ihre Anzahl ist μ.

Die Zahlen φ' lassen sich derselben Eintheilung unterwerfen, da sie nach dem Modulus pq den Zahlen -1, -2, $-3, \ldots -\frac{pq-1}{2}$, d. h. $-\varphi$ congruent sind. Ist nemlich z. B. eine Zahl φ congruent einer Zahl f, mod. p, so ist dieselbe Zahl $-\varphi$ oder die entsprechende φ' congruent $-f$, d. h. congruent f', mod. p. Daher erhält man aus der Classe φ':

9) δ Zahlen, welche mit den Zahlen der 1sten Classe gleiche Eigenschaften haben.

10)	γ	Zahlen, welche der Classe 2 entsprechen
11)	β	» » » » » » 3 » »
12)	α	» » » » » » 4 » »
13)	ν	» » » » » » 5 » »
14)	$\frac{q-1}{2}-\nu$	» » » » » » 6 » »
15)	μ	» » » » » » 7 » »
16)	$\frac{p-1}{2}-\mu$	» » » » » » 8 » »

Alle Zahlen aus φ, welche F' congruent sind, mod. q, betragen, wie man sieht $\beta+\delta+\nu$. Unter den Zahlen φ befinden sich aber die folgenden $\frac{p+1}{2}$, nemlich:

$$1,\ q+1,\ 2q+1,\ 3q+1, \ldots \frac{p-1}{2}q+1,$$

welche congruent 1 sind, mod. q. Die nächstfolgende: $\frac{p+1}{2}q+1=\frac{pq+q+2}{2}$ ist offenbar schon größer als $\frac{pq-1}{2}$.

Dasselbe gilt von allen andern Zahlen aus F, z. B. sind ebenfalls die folgenden $\frac{p+1}{2}$ Zahlen aus φ congruent $\frac{q-1}{2}$, mod. q, nemlich:

$$\frac{q-1}{2},\ q+\frac{q-1}{2},\ 2q+\frac{q-1}{2}, \ldots \frac{p-1}{2}\cdot q+\frac{q-1}{2};$$

von denen die letzte $=\frac{pq-1}{2}$ ist. Da nun die Anzahl der Zahlen B $\frac{q-1}{2}$ beträgt, so giebt es $\frac{p+1}{2}.\frac{q-1}{2}$ Zahlen aus der Classe φ, welche congruent F sind, mod. q. Da nun noch $\frac{p-1}{2}$ Zahlen aus φ durch q theilbar sind, so bleiben $\frac{p-1}{2}.\frac{q-1}{2}$ Zahlen aus φ congruent F', mod. q.*) Also ist:

$$a)\quad \beta+\delta+\nu=\frac{p-1}{2}.\frac{p-1}{2}.$$

Eben so sind die Zahlen aus φ, welche mod. p Reste aus f' lassen, $\gamma+\delta+\mu$.

Die Anzahl derselben beträgt aber auch $\frac{p-1}{2}.\frac{q-1}{2}$, also ist

$$b)\quad \gamma+\delta+\mu=\frac{p-1}{2}.\frac{q-1}{2}.$$

Verbindet man ferner die Zahlen der ersten und 9ten Classe, so erhält man $\alpha+\delta$ Zahlen, welche kleiner sind als pq, und in Bezug auf ihre Reste zu f und F gehören.

Die Anzahl aller dieser Zahlen wird aber gefunden, wenn man jede Zahl aus der Classe f mit jeder Zahl aus F verbindet, d. h. für alle Werthe von f und F die Gleichung $mp+f=nq+F$ löst. Hierdurch erhält man $\frac{p-1}{2}.\frac{q-1}{2}$ verschiedene Zahlen; also ist

$$c)\quad \alpha+\delta=\frac{p-1}{2}.\frac{q-1}{2}.$$

Verbindet man endlich die Zahlen der 2ten und 10ten Classe, so sind ihrer $\beta+\gamma$. Von der andern Seite erhält man dadurch $\frac{p-1}{2}.\frac{q-1}{2}$ verschiedene Zahlen, welche sämmtlich kleiner sind als pq, also ist endlich:

$$d)\quad \beta+\gamma=\frac{p-1}{2}.\frac{q-1}{2}.$$

*) Es ist nemlich $\frac{p+1}{2}.\frac{q-1}{2}+\frac{p-1}{2}.\frac{q-1}{2}+\frac{p-1}{2}=\frac{pq-1}{2}$.

Multiplicirt man nun die Gleichung c) mit 2, addirt d) hinzu, und zieht a) und b) ab, so erhält man:

$$2\alpha+2\delta+\beta+\gamma-(\beta+\delta+\nu)-(\gamma+\delta+\mu)=\frac{p-1}{2}\cdot\frac{q-1}{2},$$

$$2\alpha=\mu+\nu+\frac{p-1}{2}\cdot\frac{q-1}{2}.$$

Da also die Summe der drei Zahlen μ, ν, $\frac{p-1}{2}\cdot\frac{q-1}{2}$ eine grade Zahl ist, so muß entweder jede einzelne von ihnen grade sein, oder es muß die eine grade, die andern beiden aber ungrade sein, wie der Lehrsatz besagte. Wir wenden diesen Satz jetzt auf zwei ungrade Primzahlen p und q an.

Zusatz. Ist eine der beiden Primzahlen p und q von der Form $4n+1$, oder sind es beide, so ist $\frac{p-1}{2}\cdot\frac{q-1}{2}$ eine grade Zahl. Alsdann ist auch die Summe $\mu+\nu$ nothwendig grade, und folglich entweder beide Zahlen μ und ν grade oder beide ungrade. Da nun

$$q^{\frac{p-1}{2}}\equiv\left(\frac{q}{p}\right)=(-1)^{\mu},\ \text{mod.}\,p,\ \text{und}$$

$$p^{\frac{q-1}{2}}\equiv\left(\frac{p}{q}\right)=(-1)^{\nu},\ \text{mod.}\,q;$$

so ist in diesem Fall $(-1)^{\mu}=(-1)^{\nu}$, folglich $\left(\frac{q}{p}\right)=\left(\frac{p}{q}\right)$.

Sind aber beide Zahlen p und q von der Form $4n+3$, so ist $\frac{p-1}{2}\cdot\frac{q-1}{2}$ ungrade, folglich $\mu+\nu$ ungrade, und folglich von den beiden Zahlen μ und ν die eine grade, die andern ungrade. Alsdann folgt $(-1)^{\mu}=-(-1)^{\nu}$, oder $\left(\frac{p}{p}\right)=-\left(\frac{q}{p}\right)$. Also:

Wofern nicht beide Primzahlen p und q von der Form $4n+3$ sind, so ist $\left(\frac{p}{q}\right)=\left(\frac{q}{p}\right)$, oder: ist p quadratischer Rest oder Nichtrest von q, so ist auch q quadratischer Rest oder Nichtrest von p; und zwar das erste, wenn $\left(\frac{p}{q}\right)=\left(\frac{q}{p}\right)$ $=+1$, das zweite, wenn $\left(\frac{p}{q}\right)=\left(\frac{q}{p}\right)=-1$.

Sind aber beide Primzahlen $4n+3$, so ist $\left(\frac{p}{q}\right)=-\left(\frac{q}{p}\right)$, oder ist p quadratischer Rest oder Nichtrest von q, so ist q quadratischer Nichtrest oder Rest von p; das erste, wenn $\left(\frac{p}{q}\right)$ $=-\left(\frac{q}{p}\right)=+1$, das zweite, wenn $\left(\frac{p}{q}\right)=-\left(\frac{q}{p}\right)=-1$.

Dieser höchst merkwürdige und fruchtbare Satz führt den Namen des Satzes der Reciprocität.

7. Gebrauch des Satzes der Reciprocität.

Man will wissen, ob die Primzahl 19 quadratischer Rest von der Primzahl 101 ist, oder nicht. Um dies zu entscheiden, müßte man untersuchen, ob 19^{50} congruent $+1$ oder -1 ist, mod. 101; d. h. ob $\left(\frac{19}{101}\right)=+1$ oder -1.

Da nun 101 eine Primzahl $4n+1$ ist, so folgt, wenn man von dem Satze der Reciprocität Gebrauch macht, zunächst

$$\left(\frac{19}{101}\right) = \left(\frac{101}{19}\right).$$

Das Zeichen $\left(\frac{101}{19}\right)$ bedeutet aber den Rest, welchen die Zahl 101^9 nach dem Modul 19 läßt. Nun ist $101\equiv 6$, mod. 19, also $101^9\equiv 6^9$, mod. 19; folglich $\left(\frac{101}{19}\right)=\left(\frac{6}{19}\right)$. Ferner ist (§. 1. dieses Abschnitts) $\left(\frac{6}{19}\right)=\left(\frac{2.3}{19}\right)=\left(\frac{2}{19}\right)\left(\frac{3}{19}\right)$, also $\left(\frac{19}{101}\right)=\left(\frac{101}{19}\right)=\left(\frac{2}{19}\right)\left(\frac{3}{19}\right)$.

Da 19 von der Form $8n+3$ ist, so folgt nach §. 5. $\left(\frac{2}{19}\right)=-1$, d. h. 2 quadratischer Nichtrest von 19. Also ist

$$\left(\frac{19}{101}\right) = -\left(\frac{3}{19}\right).$$

Da ferner die Primzahlen 3 und 19 beide $4n+3$ sind, so folgt aus dem Satze der Reciprocität

$$\left(\frac{3}{19}\right)=-\left(\frac{19}{3}\right),$$

also

$$\left(\frac{3}{19}\right)=-\left(\frac{19}{3}\right)=-\left(\frac{1}{3}\right)=-1, \text{ oder } -\left(\frac{3}{19}\right)=+1,$$

und endlich:
$$\left(\frac{19}{101}\right)=+1.$$

Also ist 19 quadratischer Rest von 101.

In der That ist $25^2=625=6\times 101+19$.

Die Zahl 883 ist eine Primzahl; man soll entscheiden, ob 43 quadratischer Rest oder Nichtrest von 883 ist. Wendet man den Satz der Reciprocität an, so erhält man, da beide Primzahlen $4n+3$ sind:

$$\left(\frac{43}{883}\right)=-\left(\frac{883}{43}\right)=-\left(\frac{23}{43}\right)=+\left(\frac{43}{23}\right)=+\left(\frac{20}{23}\right)$$
$$=+\left(\frac{4}{23}\right)\left(\frac{5}{23}\right).$$

Nun ist
$$\left(\frac{4}{23}\right)=\left(\frac{2}{23}\right)=\left(\frac{2}{23}\right)^2=+1,$$

also

$$\left(\frac{43}{883}\right)=\left(\frac{5}{23}\right)=\left(\frac{23}{5}\right)=\left(\frac{3}{5}\right)=\left(\frac{5}{3}\right)=\left(\frac{2}{3}\right)=-1.$$

Folglich ist 43 quadratischer Nichtrest von 883.

8. Der Satz der Reciprocität findet seine wichtigste Anwendung, wenn man nach denjenigen Primzahlen frägt, von welchen eine gegebene Zahl quadratischer Rest ist.

Welche Primzahlen z. B. sind Divisoren von x^2-3, d. h. von welchen Primzahlen ist $+3$ quadratischer Rest, und folglich, wenn man eine solche mit p bezeichnet, $\left(\frac{3}{p}\right)=1$? Um das Theorem der Reciprocität anzuwenden, muß man zwei Fälle unterscheiden, je nachdem $p=4n+1$ oder $p=4n+3$.

Ist nun 1) $p=4n+1$, so ist $\left(\frac{3}{p}\right)=\left(\frac{p}{3}\right)=1$, und es folgt daher, daß $p^{\frac{3-1}{2}} \equiv +1$, mod. 3, $p \equiv 1$, mod. 3, sein muß. Folglich ergiebt sich $p = 3n + 1$, und da zugleich $p = 4n + 1$ sein soll, $p = 12n + 1$.

Ist aber $p = 4n + 3$, so ist $\left(\frac{3}{p}\right) = -\left(\frac{p}{3}\right) = 1$, $\left(\frac{p}{3}\right) = -1$, also $p \equiv -1$, mod. 3, $p = 3n + 2$. Combinirt man diese Form mit $4n + 3$, so ergiebt sich $p = 12n + 11$. Also: Jede Primzahl $12n + 1$, $12n + 11$ ist Divisor von $x^2 - 3$.

Beispiel. $4^2 - 3 = 13$. $7^2 - 3 = 2.23$. $5^2 - 3 = 2.11$.

Dagegen ist -3 quadratischer Rest für die Primzahlen $12n + 1$, $12n + 7$. Denn es muß $\left(\frac{-3}{p}\right) = 1$ sein. Nun nehmen wir zuerst $p = 4n + 1$, so ist $\frac{p-1}{2}$ eine grade Zahl, also $(-3)^{\frac{p-1}{2}} = (+3)^{\frac{p-1}{2}}$, oder $\left(\frac{-3}{p}\right) = \left(\frac{3}{p}\right) = \left(\frac{p}{3}\right)$; $p = 12n + 1$. Ist aber $p = 4n + 3$, so ist

$$\left(\frac{-3}{p}\right) = -\left(\frac{3}{p}\right) = +\left(\frac{p}{3}\right) = 1,$$

also $p = 3n + 1$ und zugleich $4n + 3$. Dies giebt $p = 12n + 7$. Folglich ist $+3$ quadratischer Nichtrest für die Primzahlen $12n + 5$, $12n + 7$. -3 ist quadratischer Nichtrest von den Primzahlen $12n + 5$, $12n + 11$.

$+5$ ist quadratischer Rest von p, wenn $\left(\frac{5}{p}\right) = 1$. Da nun $5 = 4 + 1$, so ist $\left(\frac{5}{p}\right) = \left(\frac{p}{5}\right)$; also muß $\left(\frac{p}{5}\right) = 1$ sein, d. h. $p^2 \equiv 1$, mod. 5. Dies geschieht für $p \equiv 1$, $p \equiv 4$, mod. 5. Also ist $p = 5n + 1$, $5n + 4$.

Da aber p ungrade ist, so muß in dem Ausdruck $5n + 1$ n grade sein, und in dem $5n + 4$, n ungrade. Schreibt man in dem erstern $2n$ statt n, in dem zweiten $2n + 1$, so kommt $p = 10n + 1$, $p = 10n + 9$. Dagegen ist $+5$ quadratischer Nichtrest von $5n + 2$, $5n + 3$, oder besser: $10n + 7$, $10n + 3$.

$+7$ ist quadratischer Rest, wenn $\left(\frac{7}{p}\right)=1$.

Ist nun 1) $p=4n+1$, so ist $\left(\frac{7}{p}\right)=\left(\frac{p}{7}\right)$, also $\left(\frac{p}{7}\right)=1$, d. h. $p^3\equiv 1$, mod. 7. Dies geschieht für $p=7n+1$, $7n+2$, $7n+4$, ausschließlich.

Combinirt man diese Formen mit $4n+1$, so kommt:

$$p=28n+1,\ 28n+9,\ 28n+25.$$

$$2)\quad p=4n+3.\left(\frac{7}{p}\right)=-\left(\frac{p}{7}\right)=1;\ \left(\frac{p}{7}\right)=-1;$$

$$p^3\equiv -1,\ \text{mod. } 7.$$

Dies giebt $p=7n+3$, $7n+5$, $7n+6$; und diese Formen, mit $4n+3$ verbunden, sind: $p=28n+3$, $28n+19$, $28n+27$.

Alle ungrade Primzahlen können nach dem Modulus 28 zwölf verschiedene Reste lassen, denn so viele sind der relativen Primzahlen kleiner als 28. (Nemlich $28(1-\frac{1}{2})(1-\frac{1}{7})=28.\frac{1}{2}.\frac{6}{7}=12$.)

Von den hieraus sich ergebenden 12 Classen sind 6, von welchen 7 quadratischer Rest ist, nemlich:

$$28n+1,\ 3,\ 9,\ 19,\ 25,\ 27.$$

Von den übrigen 6 Classen: $28n+5$, 11, 13, 15, 17, 23 ist 7 quadratischer Nichtrest.

9. Statt mehrerer Beispiele mögen jetzt einige allgemeine Bemerkungen über den vorliegenden Gegenstand gemacht werden.

Ist q eine Primzahl $4n+1$, und p eine beliebige Primzahl, so ist $\left(\frac{p}{q}\right)=\left(\frac{q}{p}\right)$. Soll nun q quadratischer Rest von p, oder $\left(\frac{q}{p}\right)=1$ sein, so muß auch $\left(\frac{p}{q}\right)=1$, oder $p^{\frac{q-1}{2}}\equiv 1$, mod. q, sein. Nun hat nach §. 6. des vorigen Abschnitts die Congruenz $x^{\frac{q-1}{2}}\equiv 1$, mod. q, $\frac{q-1}{2}$ verschiedene Auflösungen unter q, folglich kann p, nach dem Modul q, eben diese $\frac{q-1}{2}$ verschiedene Zahlen unter q zu Resten lassen; und es ist klar, daß nur die in diesen Formen enthaltenen Primzahlen Divisoren von x^2-q sind, so wie auch, daß jede in einer dieser Formen enthaltene Primzahl p ein Divisor von x^2-q ist.

Alle Primzahlen p, welche nach dem mod. q einen der in den obigen nicht inbegriffenen $\frac{q-1}{2}$ Rest lassen, geben auch nicht $p^{\frac{q-1}{2}} \equiv +1$, und da $p^{\frac{q-1}{2}}$ nothwendig entweder $\equiv +1$ oder $\equiv -1$ ist, mod. q, so geben sie $p^{\frac{q-1}{2}} \equiv -1$, mod. q, oder $\left(\frac{p}{p}\right) = -1$, und mithin $\left(\frac{q}{p}\right) = -1$, also ist für alle diese Primzahlen q quadratischer Nichtrest.

Ist q eine Primzahl $4n+3$, so muß man zwei Fälle unterscheiden, je nachdem $p=4n+1$ oder $p=4n+3$. Damit q quadratischer Rest von $p=4n+1$ sei, wird, wie vorhin erfordert, daß $\left(\frac{q}{p}\right) = \left(\frac{p}{q}\right) = +1$. Hierdurch erhält man $\frac{q-1}{2}$ verschiedene Formen für p, nach dem Modul q; alle diese müssen aber zugleich auf die Form $4n+1$ gebracht werden; dies giebt $\frac{q-1}{2}$ verschiedene Formen nach dem Modul $4q$, wie $4qn+a$, wo a positiv, ungrade (und zwar $4n+1$), endlich kleiner als $4q$ ist.

Für $p=4n+3$ ist die Bedingung $\left(\frac{q}{p}\right) = +1$ zu erfüllen; da aber $\left(\frac{q}{p}\right) = -\left(\frac{p}{q}\right)$, so erhält man $\left(\frac{p}{q}\right) = -1$. Hieraus erfolgen wieder $\frac{q-1}{2}$ verschiedene Formen nach dem Modul q, welche mit $4n+3$ verbunden, eben so viel Formen nach dem Modul $4q$ geben, nemlich Formen $4qn+b$, wo b positiv, ungrade und zwar $4n+3$, endlich kleiner als $4q$ ist.

Also ergeben sich grade $q-1$ Formen, d. h. halb so viel, als es relative Primzahlen gegen $4q$ unter $4q$ giebt. Die andere Hälfte von Formen enthält alle die Primzahlen, von welchen q quadratischer Nichtrest ist.

10. Damit c quadratischer Rest von p sei, wenn c eine zusammengesetzte Zahl, aber nicht durch p theilbar ist, wird erfordert, daß $\left(\frac{c}{p}\right)=+1$. Enthält nun zuvörderst c einen quadratischen Factor k^2, so daß $c=c'k^2$, so ist

$$\left(\frac{c}{p}\right)=\left(\frac{c'k^2}{p}\right)=\left(\frac{c'}{p}\right)\left(\frac{k^2}{p}\right),$$

und da

$$\left(\frac{k^2}{p}\right)=\left(\frac{k}{p}\right)\left(\frac{k}{p}\right)=+1,$$

sowohl für $\left(\frac{k}{p}\right)=+1$, als für $\left(\frac{k}{p}\right)=-1$, so ist $\left(\frac{c}{p}\right)$ $=\left(\frac{c'}{p}\right)$. Man kann also aus der gegebenen Zahl c den quadratischen Factor k^2 weglassen, und annehmen, daß c ein Product aus lauter ungleichen Primzahlen ist.

Dieses vorausgesetzt, seien $\alpha, \beta, \gamma, \delta \ldots$ die Primfactoren von c, also $c=\alpha\beta\gamma\delta\ldots$, der Anzahl nach m, so ist

$$\left(\frac{c}{p}\right)=\left(\frac{\alpha\beta\gamma\delta\ldots}{p}\right)=\left(\frac{\alpha}{p}\right)\left(\frac{\beta}{p}\right)\left(\frac{\gamma}{p}\right)\left(\frac{\delta}{p}\right)\ldots$$

(§. 1. dritter Abschnitt).

Soll nun $\left(\frac{c}{p}\right)=+1$ sein, so wird erfordert, daß keiner oder eine grade Anzahl der verschiedenen Primfactoren von c so beschaffen sei, daß $\left(\frac{\alpha}{p}\right)=-1$, $\left(\frac{\beta}{p}\right)=-1$, etc.

Die Bedingung $\left(\frac{c}{p}\right)=+1$ wird also erstens befriedigt, wenn

$$\left(\frac{\alpha}{p}\right)=\left(\frac{\beta}{p}\right)=\left(\frac{\gamma}{p}\right)=\left(\frac{\delta}{p}\right)=\ldots=+1.$$

Ist nun 1) $p = 4n + 1$, so folgt, wenn die Primzahlen $\alpha, \beta, \gamma, \ldots.$ sämmtlich ungrade sind,

$$\left(\frac{p}{\alpha}\right) = \left(\frac{p}{\beta}\right) = \left(\frac{p}{\gamma}\right) \ldots. = +1;$$

also erhält man für p

1) die Form $4n + 1$;

2) $\frac{\alpha - 1}{2}$ verschiedene Formen nach dem Modul α, aus der Bedingung $\left(\frac{p}{\alpha}\right) = +1$,

3) $\frac{\beta - 1}{2}$ verschiedene Formen nach dem Modul β, aus der Bedingung $\left(\frac{p}{\beta}\right) = +1$,

und so fort für jeden Primfactor von c.

Jede dieser verschiedenen Formen, welche der Divisor p nach einem Modul, z. B. α, haben kann, muß mit jeder Form dieses Divisors nach den übrigen Moduln $\beta, \gamma, \delta \ldots.$ verbunden werden. Sind z. B. $\alpha n + \alpha'$, $\beta m + \beta'$, $\gamma \nu + \gamma'$ drei Formen nach den Moduln α, β, γ, so hat man die drei Formen

$$\alpha n + \alpha' = \beta m + \beta' = \gamma n + \gamma'$$

mit einander zu vereinigen, und erhält hierdurch eine neue Form nach dem Modul $\alpha\beta\gamma$.

Im Allgemeinen gelangt man auf diese Weise zu

$$\frac{\alpha - 1}{2} \cdot \frac{\beta - 1}{2} \cdot \frac{\gamma - 1}{2} \cdot \frac{\delta - 1}{2} \ldots.$$

Formen nach dem Modul $\alpha\beta\gamma\delta \ldots.$, von denen jede noch auf die Form $4n + 1$ gebracht werden muß.

Für $p = 4n + 3$ erhält man aus den Bedingungen:

$$\left(\frac{\alpha}{p}\right) = \left(\frac{\beta}{p}\right) = \left(\frac{\gamma}{p}\right) = \left(\frac{\delta}{p}\right) = \ldots. = +1,$$

nach dem Theorem der Reciprocität:

$$\left(\frac{p}{\alpha}\right) = \left(\frac{p}{\beta}\right) = \ldots. = -\left(\frac{p}{\gamma}\right) = -\left(\frac{p}{\delta}\right) \ldots. = +1,$$

wenn die Primzahlen α, β, ... von der Form $4n+1$, γ, δ, ... von der Form $4n+3$ sind.

Indem man wiederum die verschiedenen, aus dieser Bedingung hervorgehenden Formen combinirt, erhält man

$$\frac{\alpha-1}{2}\cdot\frac{\beta-1}{2}\cdot\frac{\gamma-1}{2}\cdot\frac{\delta-1}{2}\ldots.$$

Formen nach dem Modul $\alpha\beta\gamma\delta\ldots.$, welche endlich noch mit $4n+3$ zu verbinden sind.

Aber die Bedingung $\left(\frac{c}{p}\right)=1$ wird auch befriedigt, wenn z. B.

$$-\left(\frac{\alpha}{p}\right)=-\left(\frac{\beta}{p}\right)=\left(\frac{\gamma}{p}\right)=\left(\frac{\delta}{p}\right)\ldots.=+1.$$

Auch diese Auflösung liefert, wie die obige,

$$\frac{\alpha-1}{2}\cdot\frac{\beta-1}{2}\cdot\frac{\gamma-1}{2}\ldots.$$

Formen $4n+1$, und eben so viele $4n+3$.

Sämmtliche Divisoren von x^2-c zerfallen also zunächst in die beiden Haupt-Classen $4n+1$ und $4n+3$. Jede dieser Haupt-Classen zerfällt wieder in eine gewisse Anzahl von Classen, deren jede einzelne $\frac{\alpha-1}{2}\cdot\frac{\beta-1}{2}\cdot\frac{\gamma-1}{2}\ldots.$ verschiedene Formen nach dem Modul $\alpha\beta\gamma\delta\ldots.$ enthält.

Soll ferner c quadratischer Nichtrest von p sein, so muß die Bedingung

$$\left(\frac{c}{p}\right)=\left(\frac{\alpha}{p}\right)\left(\frac{\beta}{p}\right)\left(\frac{\gamma}{p}\right)\ldots.=-1$$

befriedigt werden.

Auch hier erhält man zwei Haupt-Classen $4n+1$ und $4n+3$; unter jede derselben fallen wieder eine Anzahl Classen, jede $\frac{\alpha-1}{2}\cdot\frac{\beta-1}{2}\cdot\frac{\gamma-1}{2}\ldots.$ Formen enthaltend.

Ist nun c eine Primzahl α, so erhält man aus den Bedingungen

$$\left(\frac{\alpha}{p}\right) = +1, \quad \left(\frac{\alpha}{p}\right) = -1$$

jedesmal nur eine Classe von Formen.

Ist c ein Product aus zwei ungraden Primzahlen α, β, so erhält man $\left(\frac{\alpha}{p}\right)\left(\frac{\beta}{p}\right) = +1$, wenn c Rest, und $\left(\frac{\alpha}{p}\right)\left(\frac{\beta}{p}\right) = -1$, wenn c Nichtrest ist.

In dem ersten Falle erhält man durch die Formeln:

$$\left(\frac{\alpha}{p}\right) = \left(\frac{\beta}{p}\right) = +1 \text{ und } \left(\frac{\alpha}{p}\right) = \left(\frac{\beta}{p}\right) = -1$$

zwei Classen; und eben so im zweiten Falle durch die Formeln:

$$\left(\frac{\alpha}{p}\right) = -\left(\frac{\beta}{p}\right) = +1, \quad \left(\frac{\alpha}{p}\right) = -\left(\frac{\beta}{p}\right) = -1.$$

Ist allgemein c ein Product aus m ungraden und verschiedenen Primzahlen, und werden für $\left(\frac{c}{p}\right) = +1$ n Classen und für $\left(\frac{c}{p}\right) = -1$ eben so viele Classen erhalten, so gelangt man, wenn zu c ein neuer ungrader Primfactor q hinzutritt, durch die Bedingung:

$$\left(\frac{cq}{p}\right) = +1 \text{ zu } 2n \text{ Classen,}$$

nach den Formeln:

$$\left(\frac{c}{p}\right) = \left(\frac{q}{p}\right) = +1, \quad \left(\frac{c}{p}\right) = \left(\frac{q}{p}\right) = -1,$$

und nach den Formeln:

$$\left(\frac{c}{p}\right) = -\left(\frac{q}{p}\right) = +1, \quad \left(\frac{c}{p}\right) = -\left(\frac{q}{p}\right) = -1,$$

ebenfalls zu $2n$ Classen für den Fall: $\left(\frac{cq}{p}\right) = -1$.

Für $m = 1$ ist nun $n = 1$, für $m = 2$, $n = 2$, also für $m = 3$, $n = 2.2$ und allgemein für ein beliebiges $m : n = 2^{m-1}$ die gesuchte Anzahl der Classen von Formen $4n + 1$, und eben so die Anzahl der Classen von Formen $4n + 3$. Folglich findet man im Ganzen 2^m Classen von

Formen, von denen die Hälfte $4n+1$, die andere Hälfte $4n+3$ ist.

Daher erhält man für die Reste und Nichtreste zusammen: $2\times 2^m \times \frac{\alpha-1}{2}.\frac{\beta-1}{2}.\frac{\gamma-1}{2}$.... Formen, und da die Anzahl der Factoren $\alpha, \beta, \gamma \ldots m$ ist, so sind dies $2.\alpha-1.\beta-1.\gamma-1\ldots$ Formen, von denen die Hälfte Divisoren und die andere Hälfte Nichtdivisoren von x^2-c darstellt.

Dies sind offenbar alle Formen für ungrade Primzahlen, die nach dem Modul $4\alpha\beta\gamma\ldots$ möglich sind; denn die Anzahl der relativen Primzahlen gegen diesen Modul, welche kleiner sind als derselbe, ist eben: $2\times\alpha-1\times\beta-1\times\gamma-1\ldots$

Enthält die Zahl c außer den ungraden Primfactoren α, β, γ .... auch noch den Factor 2, so muß, wenn $2c$ quadratischer Rest von p sein soll, $\left(\frac{2c}{p}\right)=\left(\frac{2}{p}\right)\left(\frac{c}{p}\right)=1$ sein. Setzt man nun nach der Reihe $p=8n+1$, 3, 5, 7, so erhält man in diesen Voraussetzungen:

$$\left(\frac{c}{p}\right)=1,\ \left(\frac{c}{p}\right)=-1,\ \left(\frac{c}{p}\right)=-1,\ \left(\frac{c}{p}\right)=+1.$$

Jede einzelne dieser Annahmen giebt $\frac{1}{2}.2^m$ Classen von Formen, deren jede $\frac{\alpha-1}{2}.\frac{\beta-1}{2}\ldots$ Formen enthält; diese viermal genommen erhält man, wenn m die Anzahl der Factoren α, β, γ .... bedeutet, 2^{m+1} Classen nach dem Modul $8c=8\alpha\beta\gamma\delta\ldots$, welche zusammen

$$2^{m+1}\times\frac{\alpha-1}{2}.\frac{\beta-1}{2}\ldots=2.\alpha-1.\beta-1\ldots$$

Formen enthalten.

Eben so viele Classen und Formen gehen aus der Bedingung $\left(\frac{2c}{p}\right)=-1$ für die Formen der Primzahlen hervor, von welchen $2c$ quadratischer Nichtrest ist. Man erhält also im Ganzen $4.\alpha-1.\beta-1.\gamma-1\ldots$ Formen von Primzahlen, von denen die Hälfte die Divisoren, die andere Hälfte die Nichtdivisoren von $x^2 - 2c$ enthält. Diese Formen enthalten alle den Modulus $8c$, und außer ihnen kann keine andere Form nach diesem Modul mehr eine Primzahl ausdrücken.

10. Um das Verständniß der Bemerkungen des §. 9. durch ein Beispiel zu unterstützen, wollen wir die Formen derjenigen Primzahlen suchen, welche Divisoren von $x^2 + 105$ sind, d. h. von welchen -105 quadratischer Rest ist. Da nun $105 = 3.5.7$, so wird erfordert, daß $\left(\frac{-3.5.7}{p}\right) = +1$ ist. Diese Bedingung giebt weiter: $\left(\frac{-3}{p}\right)\left(\frac{5}{p}\right)\left(\frac{7}{p}\right) = 1.$

Ist nun zuvörderst $p = 4n + 1$, so ist

$$\left(-\frac{3}{p}\right) = \left(\frac{3}{p}\right) = \left(\frac{p}{3}\right),$$

etc., also:

$$\left(\frac{p}{3}\right) \times \left(\frac{p}{5}\right) \times \left(\frac{p}{7}\right) = 1.$$

Dies giebt:

1. $\left(\frac{p}{3}\right) = \left(\frac{p}{5}\right) = \left(\frac{p}{7}\right) = 1 . p = 3n + 1;$

   $5n + 1, 4; \quad 7n + 1, 2, 4.$

2. $\left(\frac{p}{3}\right) = -\left(\frac{p}{5}\right) = -\left(\frac{p}{7}\right) = 1 . p = 3n + 1;$

   $5n + 2, 3; \quad 7n + 3, 5, 6.$

3. $\left(\frac{p}{5}\right) = -\left(\frac{p}{3}\right) = -\left(\frac{p}{7}\right) = 1 . p = 5n + 1,$

   $4; \quad 3n + 2; \quad 7n + 3, 5, 6.$

4. $\left(\frac{p}{7}\right) = -\left(\frac{p}{5}\right) = -\left(\frac{p}{3}\right) = 1 . p = 7n + 1,$

   $2, 4; \quad 5n + 2, 3; \quad 3n + 2.$

Combinirt man die ersten 3 Formen, so folgt:

1) $p = 15n + 1, \ 4$ mit $7n + 1, 2, 4.$
2) $p = 15n + 7, 13$ mit $7n + 3, 5, 6.$
3) $p = 15n + 11, 14$ mit $7n + 4, 5, 6.$
4) $p = 15n + 2, \ 8$ mit $7n + 1, 2, 4.$

Hieraus ergiebt sich weiter:

1) $p = 105n + 1, 16, 46; \quad 105n + 64, 79, 4.$
2) $p = 105n + 52, 82, 79; \quad 105n + 73, 103, 13.$
3) $p = 105n + 101, 26, 41; \quad 105n + 59, 59, 104.$
4) $p = 105n + 92, 2, 32; \quad 105n + 8, 23, 53.$

Alle diese Zahlen auf die Form $4n+1$ gebracht, geben der Reihe nach:

1) $p = 420n + 1, 109, 121, 169, 289, 361.$
2) $n = 420n + 13, 73, 97, 157, 313, 397.$
3) $p = 420n + 41, 89, 101, 209, 269, 341.$
4) $p = 420n + 53, 113, 137, 197, 233, 317.$

Sucht man 2tens für p die Form $4n+3$, so ist $\left(\frac{-3}{p}\right) = -\left(\frac{3}{p}\right)$, also:

$$\left(\frac{3}{p}\right)\left(\frac{5}{p}\right)\left(\frac{7}{p}\right) = -1.$$

Nun ist aber, weil $p = 4n+3$, $\left(\frac{3}{p}\right) = -\left(\frac{p}{3}\right)$, $\left(\frac{7}{p}\right) = -\left(\frac{p}{7}\right)$, also muß sein $\left(\frac{p}{3}\right)\left(\frac{p}{5}\right)\left(\frac{p}{7}\right) = -1.$

Dies giebt:

1) $-\left(\frac{p}{3}\right) = \left(\frac{p}{5}\right) = \left(\frac{p}{7}\right) = 1 . p = 3n+2;$
$5n+1, 4; \; 7n+1, 2, 4.$

2) $-\left(\frac{p}{5}\right) = \left(\frac{p}{3}\right) = \left(\frac{p}{7}\right) = 1 . p = 3n+1;$
$5n+2, 3; \; 7n+1, 2, 4.$

3) $-\left(\frac{p}{7}\right) = \left(\frac{p}{5}\right) = \left(\frac{p}{3}\right) = 1 . p = 3n+1;$
$5n+1, 4; \; 7n+3, 5, 6.$

4) $-\left(\frac{p}{3}\right) = -\left(\frac{p}{5}\right) = -\left(\frac{p}{7}\right) = 1 . p = 3n+2;$
$5n+2, 3; \; 7n+3, 5, 6.$

Diesen Formen gelten die folgenden gleich.

1) $p = 15n + 11, 14$, verbunden mit $7n + 1, 2, 4$.
2) $p = 15n + 7, 13$, " " " $7n + 1, 2, 4$.
3) $p = 15n + 1, 4$, " " " $7n + 1, 2, 4$.
4) $p = 15n + 2, 8$, " " " $7n + 3, 5, 6$.

Diese aber gehen wiederum in die folgenden über.

1) $p = 105n + 71, 86, 11; \; 105n + 29, 44, 74$.
2) $p = 105n + 22, 37, 67; \; 105n + 43, 58, 88$.
3) $p = 105n + 31, 61, 76; \; 105n + 94, 19, 34$.
4) $p = 105n + 17, 47, 62; \; 105n + 38, 68, 83$.

Diese Zahlen endlich, sämmtlich auf die Form $4n + 3$ gebracht, geben:

1) $p = 420n + 11, 71, 179, 191, 239, 359$.
2) $p = 420n + 43, 67, 127, 163, 247, 403$.
3) $p = 420n + 19, 31, 139, 199, 271, 391$.
4) $p = 420n + 47, 83, 143, 167, 227, 383$.

In dem vorliegenden Beispiele war $m = 3$, $\alpha = 3$ $\beta = 5$, $\gamma = 7$; folglich mußte man nach dem §. 9. $2^3 = 8$ Classen finden, von welchen jede $\frac{3-1}{2} \cdot \frac{4-1}{2} \cdot \frac{7-1}{2} = 6$ Formen enthielt, wie es auch geschehen ist.

Vierter Abschnitt.

Verallgemeinerung des Fermatschen Satzes. Der Wilsonsche Satz.

1. Lehrsatz. Bezeichnet π die Anzahl derjenigen Zahlen, welche kleiner sind als eine beliebige Zahl A und relative Primzahlen gegen A; ist ferner a eine relative Primzahl gegegen A, so hat man $a^\pi \equiv 1$, mod. A.

Beweis. Bezeichnen wir die verschiedenen unter der gegebenen Anzahl π enthaltenen Zahlen mit $\alpha, \beta, \gamma, \delta, \ldots$; so sind die Reste, welche die Vielfachen von a, nemlich: αa, βa, γa, $\delta a \ldots$, mod. A, lassen, sämmtlich von einander verschieden. Denn wäre $\alpha a \equiv \beta a$, mod. A, so würde folgen: $a(\alpha - \beta) \equiv 0$, mod. A.

Da nun a durch keinen Factor von A theilbar ist, so muß $\alpha - \beta \equiv 0$, mod. A, oder $\alpha = \beta$ sein, wenn αa und βa gleiche Reste nach dem Modul A lassen sollen.

Die π verschiedenen Reste von αa, βa, γa, ... fallen daher nothwendig in veränderter Ordnung mit den π Zahlen: α, β, γ, δ.... zusammen, so daß man durch Multiplication erhält: $\alpha\beta\gamma\delta \ldots \times a^\pi \equiv \alpha\beta\gamma\delta \ldots$, mod. A.

Da nun das Product $\alpha\beta\gamma\delta$.... durch keinen Factor von A theilbar ist, so folgt:

$$a^\pi \equiv 1, \text{ mod. } A; \text{ w. z. b. w.}$$

Beispiel. Für $a = 12$ ist $\pi = 4$, und man erhält:

$$1^4 \equiv 1,\ 5^4 \equiv 1,\ 7^4 \equiv 1,\ 11^4 \equiv 1, \text{ mod. } 12.$$

Für $a = 30$ ist $\pi = 8$, und $1^8 \equiv 1$, $7^8 \equiv 1$, $11^8 \equiv 1$, $13^8 \equiv 1$, $17^8 \equiv 1$, $19^8 \equiv 1$, $23^8 \equiv 1$, $29^8 \equiv 1$, mod. 30.

Zusatz. Man überzeugt sicht leicht, daß, wofern nicht $A = 2$, π eine grade Zahl ist. Daher hat man immer

$$a^{\frac{\pi}{2}} \equiv +1 \text{ oder } \equiv -1, \text{ mod. } A, \text{ wenn nicht } A = 2.$$

Zusatz. Ist A eine Primzahl, so ist $\pi = A - 1$, und man erhält den Fermatschen Lehrsatz, Abschnitt 2. §. 1.

2. Auf den Lehrsatz des vorigen §. läßt sich eine ausführliche Theorie der Congruenzen $x^n \equiv a$, mod. A, gründen, wie im zweiten Abschnitte eine solche für den Fall gegeben wurde, wenn der Modul eine Primzahl ist. Wir wollen dieses jedoch unterlassen, indem wir uns auf einige hierher gehörige Sätze beschränken, von welchen in dem folgenden §. einige Anwendung zu machen sein wird.

Lehrsatz. Ist w der größte gemeinschaftliche Factor der beiden Zahlen nw und π, A eine relative Primzahl gegen a, so ist die Congruenz $x^{nw} \equiv a$, mod. A, nur dann möglich, wenn $a^{\frac{\pi}{w}} \equiv 1$, mod. A.

Beweis. Zuvörderst ist klar, daß x eine relative Primzahl gegen A sein muß, damit $x^{nw} - a$ durch A theilbar sein könne. Dieses vorausgesetzt, hat man $(x^{nw})^{\frac{\pi}{w}} \equiv a^{\frac{\pi}{w}}$, und $x^{n\pi} = (x^{nw})^{\frac{\pi}{w}} \equiv 1$, mod. A; also $a^{\frac{\pi}{w}} \equiv 1$, mod. A.

3. Lehrsatz. Ist $A = p^m$ eine Potenz einer ungraden Primzahlen p, so ist die Hälfte aller $\pi = p^{m-1}.p - 1$ Zahlen α, β, γ, ..., welche kleiner sind als p^m und relative Primzahlen gegen p^m, quadratischer Rest von p^m; die andere Hälfte Nichtrest.

Beweis. Ist α eine relative Primzahl gegen A, so ist es auch $A - \alpha$, und zugleich $\alpha^2 \equiv (A - \alpha)^2$, mod. A.

Um daher sämmtliche Reste zu finden, welche ein Quadrat x^2 nach dem Modul A lassen kann, braucht man für x nur alle diejenigen Zahlen α, β, γ, δ .... zu setzen, welche kleiner sind, als $\frac{1}{2}A$; solcher sind aber offenbar $\frac{1}{2}\pi$. Alle diese Quadrate α^2, β^2, γ^2 .... lassen nun, mod. A, ungleiche Reste; denn wenn $\alpha^2 \equiv \beta^2$, mod. A, also:

$$(\alpha - \beta)(\alpha + \beta) \equiv 0, \text{ mod. } p^m,$$

so müßte, wenn wir den Fall, wo $m = 1$, außer Acht lassen, entweder einer der Factoren $\alpha - \beta$, $\alpha + \beta$, durch p^m theilbar sein, was aber nicht möglich ist, da $\alpha + \beta$ kleiner als p^m; oder es müßte zugleich $\alpha - \beta \equiv 0$, mod. p, und $\alpha + \beta \equiv 0$, mod. p, sein. Hieraus folgt aber $2\alpha \equiv 0$, mod. p, also müßte α durch p theilbar sein, gegen die Voraussetzung.

Da also die Reste α, β, γ .... alle von einander verschieden sind, und ihre Anzahl $\frac{\pi}{2}$ beträgt, so ist die Hälfte aller Zahlen, die kleiner sind als p^m und relative Primzahlen gegen p^m, quadratischer Rest von A, die andere Hälfte Nichtrest.

Anmerk. Setzt man für x Zahlen, welche mit A einen Factor gemein haben, so erhält man auch Reste, welche mit A eben diesen Factor gemein haben.

Zusatz. Ist α eine relative Primzahl gegen A, und quadratischer Rest von A, so ist auch $\alpha^{\frac{\pi}{2}} \equiv +1$, mod. A (§. 2.).

4. Lehrsatz. Die Congruenz $x^{\frac{\pi}{2}} \equiv 1$, mod. p^m, hat nicht mehr als $\frac{\pi}{2}$ Auflösungen, die kleiner sind, als p^m, und positiv.

Beweis. Nehmen wir an, daß der Satz gültig sei für den mod. p^m (und er gilt wirklich, wenn $m = 1$, $\pi = p - 1$), so ist zu zeigen, daß dieselbe Congruenz nach dem Modul p^{m+1} nicht mehr als $p \times \frac{\pi}{2}$, oder p mal so viele Auflösungen als die vorige haben kann.

Nun ist zuerst zu bemerken, daß wenn α eine relative Primzahl gegen p und $\alpha^{\frac{\pi}{2}} \equiv +1$, mod. p^m, auch $\alpha^{p.\frac{\pi}{2}} \equiv 1$, mod. p^m; und ist $\alpha^{\frac{\pi}{2}} \equiv -1$, so ist $\alpha^{p.\frac{\pi}{2}} \equiv (-1)^p \equiv -1$, mod. p^m. Ist folglich $\alpha^{p.\frac{\pi}{2}} \equiv +1$, so ist auch $\alpha^{\frac{\pi}{2}} \equiv +1$, mod. p^m, und ist $\alpha^{p.\frac{\pi}{2}} \equiv -1$, so ist auch $\alpha^{\frac{\pi}{2}} \equiv -1$, mod. p^m. Jede Auflösung der Congruenz $x^{p.\frac{\pi}{2}} \equiv 1$, mod. p^{m+1}, ist nun offenbar zugleich eine Auflösung der Congruenz $x^{p.\frac{\pi}{2}} \equiv 1$, mod. p^m, und da die Auflösungen der letztern keine anderen sind, als die Auflösungen der Congruenz $x^{\frac{\pi}{2}} \equiv 1$, mod. p^m, so ist endlich jede Auflösung x der Congruenz $x^{p.\frac{\pi}{2}} \equiv 1$, mod. p^{m+1}, einer Auflösung α der Congruenz $\alpha^{\frac{\pi}{2}} \equiv 1$, mod. p^m, nach dem Modul p^m congruent. Man kann daher $x = \alpha + up^m$ setzen, in welcher Form u eine positive ganze Zahl bedeutet. Da aber x kleiner als p^{m+1} sein soll, so kann u nur die p Werthe 0, 1, 2 .... $p-1$ erhalten; also giebt es für jede Wurzel a höchstens p verschiedene Werthe von x, und folglich beträgt die Anzahl aller möglichen x höchstens $p.\frac{\pi}{2}$, w. z. b. w.

Zusatz. Da nun nach §. 4. $\frac{p.\pi}{2}$ Zahlen quadratische Reste von p^{m+1} sind, und für jede derselben x die Congruenz $x^{p.\frac{\pi}{2}} \equiv 1$, mod. p^{m+1} gilt, so hat die Congruenz $x^{p.\frac{\pi}{2}} \equiv 1$, mod. p^{m+1}, $p\frac{\pi}{2}$ und nicht mehr Auflösungen; oder die Congruenz $x^{\frac{\pi}{2}} \equiv 1$, mod. p^m, hat $\frac{\pi}{2}$ und nicht mehr Auflösungen, die positiv und kleiner als p^m sind.

Zusatz. Ist α eine relative Primzahl gegen $A = p^m$, uud $\alpha^{\frac{\pi}{2}} \equiv +1$, mod. A, so ist α quadratischer Rest von A; denn es giebt $\frac{\pi}{2}$ quadratische Reste von A, von denen jeder der Bedingung $\alpha^{\frac{\pi}{2}} \equiv +1$, mod. A, Genüge leistet, und außer diesen keine andere positiven Zahlen unter A, welche derselben Bedingung Genüge leisten; was aber der Fall sein müßte, wenn α quadratischer Nichtrest von A wäre.

Ist folglich β quadratischer Nichtrest von A und relative Primzahl gegen A, so ist $\beta^{\frac{\pi}{2}} \equiv -1$, mod. A.

Beispiel. Die Congruenz $x^3 \equiv 1$, mod. 7, hat die Auflösungen: 1, 2, 4; folglich sind die folgenden 7.3 = 21 Zahlen die Auflösungen der Congruenz $x^{21} \equiv 1$, mod. 49, nemlich:

1,	8,	15,	22,	29,	36,	43,
2,	9,	16,	23,	30,	37,	44,
4,	11,	18,	25,	32,	39,	46.

5. Ist a eine beliebige ungrade Zahl, so ist $a^\pi \equiv 1$, mod. 2^μ, und $\pi = 2^{\mu-1}$. Dieses vorausgesetzt, läßt sich

auch zeigeu, daß $a^{\frac{\pi}{2}} \equiv 1$, mod. 2^{μ}, wofern nicht $a = 4n + 3$, und $\mu = 2$.

Denn es ist $a \equiv 1$, mod. 2, also $a = 2n + 1$; hieraus folgt: $a^2 = 4n^2 + 4n + 1 = 8 \times \frac{n.n+1}{2} + 1$, in welcher Formel $\frac{n.n+1}{2}$ offenbar eine ganze Zahl ist; folglich $a^2 \equiv 1$, mod. 2^3.

Ist aber überhaupt $a^{2^{\mu-2}} = 2^{\mu} n + 1$, so ist auch:

$$a^{2^{\mu-1}} = (2^{\mu} n + 1)^2 = 2^{2\mu}.n^2 + 2^{\mu+1} n + 1, \text{ oder:}$$

$$a^{2^{\mu-1}} = 2^{\mu+1}(2^{\mu-1} n + 1) n + 1;$$

folglich auch $a^{2^{\mu-1}} \equiv 1$, mod. $2^{\mu+1}$. Es ist folglich $a^2 \equiv 1$, mod. 2^3, $a^4 \equiv 1$, mod. 2^4, $a^8 \equiv 1$, mod. 2^5, etc.

Ist aber $\mu = 2$, oder der Modul $= 2^2 = 4$, so sind zwei Fälle zu unterscheiden, je nach dem $a = 4n + 1$ oder $a = 4n + 3$. Im ersten Falle ist $a^{2^{\mu-2}} = a^{2^{2-2}} = a^{2^0} = a \equiv 1$, mod. 4. Ist aber $a = 4n + 3$, so ist $a^{2^{2-2}} \equiv 3$, mod. 2^2.

6. Lehrsatz. Bezeichnet man mit P das Product aller Zahlen, die kleiner sind als eine gegebene Zahl A und relative Primzahlen gegen A, so ist $P \equiv +1$ oder $P \equiv -1$, mod. A.

Beweis. Die verschiedenen ungraden Primfactoren von A seien p, q, r, u. s. w. und $A = 2^{\mu} p^m q^n r^o \ldots$, wo die Zahlen m, n, o, ... wenigstens $= 1$ sind, μ aber auch gleich Null sein kann. Es läßt sich nun leicht eine ungrade Zahl a finden, welche relative Primzahl gegen A und quadratischer Nichtrest von A ist. Ist nemlich α quadratischer Nichtrest von p, so setze man: $a = pu + \alpha = 2(qr\ldots)v + 1$, so ist a relative Primzahl gegen p, q, r, ... ferner ungrade, quadratischer Nichtrest von p, folglich auch von pqr, also endlich a quadratischer Nichtrest von A und relative Primzahl gegen A.

Es stellen nun $\alpha, \beta, \gamma, \delta \ldots$ die verschiedenen Zahlen vor, die kleiner sind, als A und relative Primzahlen gegen A, ihre Anzahl sei, wie bisher, mit π bezeichnet.

Man löse die Congruenz $\alpha x \equiv a$, mod. A, und nehme für x die kleinste positive Zahl, welche möglich ist, so ist dieselbe offenbar eine relative Primzahl gegen a und kleiner als A. Man nehme nun eine andere (β) der Zahlen $\alpha, \beta, \gamma \ldots$, die aber weder gleich α noch gleich x seien darf, und löse die Congruenz $\beta y \equiv a$, mod. A, indem man wieder den kleinsten positiven Werth für y sucht, so ist y eine relative Primzahl gegen A, und verschieden sowohl von β, als von α und x. Denn wäre $y = \beta$, so müßte $\beta^2 \equiv a$ sein; was nach der Voraussetzung über a nicht möglich ist. Wäre ferner $y = \alpha$, also $\alpha\beta \equiv a$, $\alpha x \equiv a$, mod. A, so würde sich nach den oft gebrauchten Schlüssen ergeben, daß $\beta \equiv x$, mod. A, also $\beta = x$ sein müßte.

Es lassen sich also die π verschiedenen Zahlen $\alpha, \beta, \gamma \ldots$ zu zweien so verbinden, daß das Product jedesmal congruent a ist, mod. A.

Die Anzahl aller dieser Producte ist aber $\frac{1}{2}\pi$; also folgt, daß das Product aus allen Zahlen $\alpha, \beta, \gamma, \ldots$ nemlich $P \equiv a^{\frac{\pi}{2}}$ ist, mod. A.

Es sei nun 1) $A = p^m$ oder $A = 2p^m$, alsdann ist (§. 4.) $a^{\frac{\pi}{2}} \equiv -1$, mod. p^m, $\pi = p^{m-1}.p-1$. Ferner ist $a^{\frac{\pi}{2}} \equiv -1$, mod. 2, weil a ungrade ist, folglich $a^{\frac{\pi}{2}} + 1$ theilbar durch 2 und durch p^m, also durch $2p^m$, oder $a^{\frac{\pi}{2}} \equiv -1$, mod. $2p^m$.

Folglich ist in diesem Falle $P \equiv -1$, mod. A.

2) Ist $A=2^\mu$, und $\mu>1$, so läßt sich ebenfalls eine Zahl a finden, welche ungrade und quadratischer Nichtrest von von 2^μ ist. Eine solche ist 3, oder noch einfacher -1. Indem man nun die Congruenzen $ax\equiv-1$, mod. 2^μ, u. s. w. löst (ganz wie oben für die Modul $A=2^\mu p^m q^n r^o\ldots.$) und dann ihr Product nimmt, so erhält man:

$$P\equiv(-1)^{2^{\mu-2}}, \text{ mod. } 2^\mu.$$

Wofern also $\mu>2$, so ist $P\equiv1$, mod. 2^μ; ist aber $\mu=2$, so ist $P=1.3\equiv-1$, mod. 4.

3) Ist $A=2^\mu p^m q^n\ldots.$, so ist:

$$P\equiv a^{\frac{\pi}{2}}, \text{ und } \frac{\pi}{2}=2^{\mu-1}.p^{m-1}.q^{n-1}.\frac{p-1.q-1\ldots}{2}.$$

Nun ist ferner:

$$a^{p^{m-1}.\frac{p-1}{2}}\equiv-1, \text{ mod. } p^m,$$

$$a^{q^{n-1}.\frac{q-1}{2}}\equiv\pm1, \text{ mod. } q^n, \text{ etc. (§. 4. Zus.).}$$

Folglich erhält man, wenn man z. B. die erste der beiden vorstehenden Congruenzen zum Exponenten $2^{\mu-1}.q^{n-1}.q-1\ldots$ erhebt,

$$a^{\frac{\pi}{2}}\equiv(-1)^{2^{\mu-1}.q^{n-1}.q-1\ldots}\equiv+1, \text{ mod. } q^n.$$

Auf gleiche Weise ist $a^{\frac{\pi}{2}}\equiv+1$, mod. q^n, u. s. w.

Ferner ist $a^{2^{\mu-1}}\equiv1$, mod. 2^μ; also $a^{\frac{\pi}{2}}\equiv1$, mod. 2^μ.

Da nun $a^{\frac{\pi}{2}}-1$ durch p^m, q^n, r^o, ... endlich auch durch 2^μ theilbar ist, so ist diese Zahl durch das Product $2^\mu p^m q^n\ldots.=A$ theilbar.

Der Satz gilt, wie leicht zu sehen, auch dann, wenn $A=p^m q^n r^o\ldots.$, oder μ gleich Null. Er gilt auch, wenn μ größer als 1, $m=1$ oder größer als 1; dagegen n, o, u. s. w. sämmtlich gleich Null sind, also $A=2^\mu p^m$.

In diesem Falle ist nemlich $a^{p^{m-1}.\frac{p-1}{2}} \equiv -1$, mod. p^m; $\pi = 2^{\mu-1}.p^{m-1}.p-1$; folglich $a^{\frac{\pi}{2}} \equiv (-1)^{2^{\mu-1}}$, mod. p^m; und eben so $a^{2^{\mu-1}} \equiv 1$, mod. 2^μ, also $a^{\frac{\pi}{2}} \equiv 1$, mod. 2^μ; folglich $a^{\frac{\pi}{2}} \equiv 1$, mod. $2^\mu p^m$.

7. Zusatz. Ist $A = p$ eine ungrade Primzahl, so findet der unter 1) erwähnte Fall statt; nemlich $P \equiv -1$, mod. p. Nun sind die relativen Primzahlen gegen p, kleiner als p, die Zahlen 1, 2, 3, 4, ... bis $p-1$, folglich ist $1.2.3.4....p-2.p-1 \equiv -1$, mod. p.

Dieser Satz wird häufig von seinem Erfinder Wilson der Wilsonsche Satz genannt. Er ist, wie man sieht, nur ein besonderer Fall des im §. aufgestellten, allgemeinen Satzes. Einige Beispiele dürften nicht überflüssig sein.

1. Es sei $A = 7$, so ist $1.2.3.4.5.6 = 720 \equiv -1$, mod. 7.

Es sei $A = 18$, so ist $1.5.7.11.13.17 \equiv -11.13.17 \equiv +11.13 \equiv -1$, mod. 18.

Es sei $A = 25$, so ist $1.2.3.4.6.7.8.9.11.12.13.14.16.17.18.19.21.22.23.24 \equiv -1$, mod. 25.

Man findet nemlich zunächst, da $13 \equiv -12$, mod. 25, etc., daß $(1.2.3.4.6.7.8.9.11.12)^2 \equiv -1$, mod. 25, sein muß. Nun ist

$$\left.\begin{aligned} 1.2.3.4 &\equiv -1 \\ 6.8 &\equiv -2 \\ 7.11 &\equiv +2 \\ 9.12 &\equiv +8 \end{aligned}\right\} \text{mod. } 25,$$

als $1.2.3.4.6.7.8.9.11.12 \equiv 32 \equiv 7$, mod. 25, und $7^2 \equiv -1$, mod. 25.

2. Es sei $A = 16 = 2^4$. Alsdann ist
$$1.3.5.7.9.11.13.15 \equiv (1.3.5.7)^2 \equiv 7^2 \equiv 1, \text{ mod. } 16.$$

3. $A = 24 = 2^3.3$
$$1.5.7.11.13.17.19.23 \equiv (1.5.7.11)^2 \equiv 11^2 \equiv 1, \text{ mod. } 24.$$

4. $A = 15$

$1.2.4.7.8.11.13.14 \equiv (1.2.4.7)^2 \equiv 4^2 \equiv 1$, mod. 15.

8. Im 2ten Abschnitte (§. 11. Anm.) wurde gefunden, daß die Congruenz $x^2 \equiv a$, mod. p, in welcher p eine Primzahl vorstellt, zwei verschiedene Auflösungen zuläßt, die positiv und kleiner als p sind, oder zwei verschiedene Auflösungen, die, abgesehen vom Zeichen, kleiner als $\frac{1}{2}p$ sind *). Ist aber der Modul ein Product aus mehreren verschiedenen ungraden Primzahlen, von welchen keine ein Divisor von a ist, so giebt es mehrere verschiedene Werthe von x, welche kleiner sind als der halbe Modul, unter der Voraussetzung, daß a quadratischer Rest in Beziehung auf jeden Primfactor $p\,q\,r\ldots.$ des Moduls $M = p.q.r\ldots.$ ist. Um diese verschiedenen Auflösungen und die Anzahl derselben zu finden, denke man sich die Congruenz in Beziehung auf die einzelnen Primfactoren von M aufgelöst. Es sei nun $\alpha^2 \equiv a$, mod. p, $\beta^2 \equiv a$, mod. q, $\gamma^2 \equiv a$, mod. r, so erhält man für die Auflösung der Congruenz $x^2 \equiv a$, mod. M, die Bedingung, daß

$$x = pn \pm \alpha = qn' \pm \beta = rn'' \pm \gamma \text{ etc.}$$

Zuvörderst wird nun vorausgesetzt, daß α positiv und kleiner als $\frac{p}{2}$, β positiv und kleiner als $\frac{q}{2}$, γ positiv und kleiner als $\frac{r}{2}$ u. s. w.

Indem man nun die verschiedenen Formen combinirt, welche die Zahl x in Bezug auf die Primzahlen $p\,q\,r$ haben muß, erhält man verschiedene Werthe von x, deren jeder kleiner als $\frac{M}{2}$ angenommen werden kann. Beträgt die Anzahl der ungleichen Factoren $p\,q\,r$ des gegebenen Moduls m, so ist einzusehen, daß, wenn $m = 1$, die Zahl der Auflösungen $= 2$ ist. Ist $m = 2$, so läßt sich jede dieser zwei Auflösun-

*) Ist nemlich die eine $+\alpha$, so ist die andere $-\alpha$.

gen, mit jeder der beiden Auflösungen, die in Bezug auf den zweiten Primfactor gefunden worden sind, verbinden, und man erhält also 4 Auflösungen.

Jeder neu hinzukommende Primfactor verdoppelt überhaupt die Anzahl der schon gefundenen Auflösungen und man erhält daher für m Primfactoren, 2^m Auflösungen, sämmtlich kleiner als der halbe Modul und zur Hälfte positiv, zur Hälfte negativ.

Beispiel. Man weiß, daß 2 quadratischer Rest in Bezug auf die Primzahlen 7, 17, 23 ist; es sollen sämmtliche Auflösungen der Congruenz $x^2 \equiv 2$, mod. $7 . 17 . 23 = 2737$, gefunden werden, die kleiner sind als $\frac{1}{2}(2737)$.

Man findet $x = 7n \pm 3 = 17n' \pm 6 = 23n'' \pm 5$.

Combinirt man zuerst $7n + 3$ mit $17n' + 6$, so ergiebt sich, daß die Zahl $17n' + 3$ durch 7 theilbar sein muß. Also muß, da $17 = 14 + 3$, $3n' + 3$ durch 7 theilbar, und folglich $\frac{n+1}{7}$ eine ganze Zahl sein. Setzen wir also $n = -1$, so kommt $17n' + 6 = -17 + 6 = -11$. Combinirt man ferner $7n - 3$ mit $17n' + 6$ so muß $17n' + 9$ durch 7 theilbar, also $\frac{3n'+2}{7}$ eine ganze Zahl sein. Dies giebt $n' = -3$, also $17n' + 6 = -51 + 6 = -45$.

Man erhält also aus $x^2 \equiv 2$, mod. $7 . 17$, die folgenden 4 Auflösungen: $x = \pm 11$, ± 45, die sämmtlich, abgesehen vom Zeichen, kleiner sind, als $\frac{1}{2} . 7 . 17$. Man findet:

$$11^2 - 2 = 119 = 7 . 17; \quad 45^2 - 2 = 7 . 17 . 17.$$

Wird nun $7 . 17 . n + 11 = 23n' + 5$ gesetzt, so muß $\frac{119 . n + 6}{23}$ eine ganze Zahl sein, und weil $119 = 5.23 + 4$, so muß $\frac{4n+6}{23}$, folglich auch $\frac{2n+3}{23}$ eine ganze Zahl sein. Dies giebt, wie leicht zu sehen, $n = 10$; also erhält man die Auflösung ± 1201.

Nimmt man ferner $119n - 11 = 23n' + 5$, so muß $\frac{119n - 16}{23}$ eine ganze Zahl sein; folglich $\frac{4n - 16}{23}$, und mithin auch $\frac{n - 4}{23}$ eine ganze Zahl sein. Der kleinste Werth, den n haben kann, ist daher $n = 4$, und die gesuchte Auflösung: $119 . 4 - 11 = 465$.

Setzt man $119n + 45 = 23n' + 5$, so ergiebt sich die Auflösung $x = \pm 1145$.

Endlich folgt aus der Verbindung der Formen $119n - 45$ und $23n' + 5$ die Auflösung: $x = \pm 74$.

Man erhält also 8 verschiedene Auflösungen der Congruenz $x^2 \equiv 2$, mod. 2737, welche kleiner sind als $\frac{1}{2}.2737$; nemlich $x = \pm 74$, ± 465, ± 1145, ± 1201.

9. Enthält der Modul auch noch außer den m ungraden Primzahlen $p, q, r \ldots$ den Factor 2, so finden sich ebenfalls 2^m Auflösungen der Congruenz $x^2 \equiv a$, mod. $2M$, die sämmtlich kleiner sind als M.

Denn ist a ungrade, so giebt jeder ungrade Werth von x, welcher $x^2 \equiv a$, mod. M, macht, auch $x^2 \equiv a$, mod. $2M$; ist ferner x positiv, grade, kleiner als $\frac{1}{2}M$, und $x^2 \equiv a$, mod. M, so ist die Zahl $\pm(M - x)$ ungrade, kleiner als M, und $(M - x)^2 \equiv a$, mod. $2M$. Ist a grade, so giebt jeder grade Werth von x aus der Congruenz $x^2 \equiv a$, mod. M, auch $x^2 \equiv a$, mod. $2M$; statt eines ungraden positiven Werths von x aus der Congruenz $x^2 \equiv a$, mod. M, kann man aber setzen: $\pm(M - x)$, und man hat: $(M - x)^2 \equiv a$, mod. $2M$.

Endlich ist leicht einzusehen, daß, wenn a durch einen Factor f des Moduls M theilbar ist, auch x durch diesen Factor theilbar sein muß. Es sei $M = M'f$, so löse man zuerst die Congruenz $x^2 \equiv a$, mod. M'; es sei $x = \alpha$, α kleiner als $\frac{1}{2}M'$; man setze allgemein $x = M'n + \alpha$; und bestimme n so, daß x durch f theilbar wird. Alsdann ist $x^2 \equiv a$, mod. M.

Die obigen Sätze über die Auflösung der Congruenz $x^2 \equiv a$, mod. M, beschränken sich auf die Fälle, in welchen der Modul ein Product aus lauter ungleichen Primzahlen ist. In Bezug auf andere Congruenzen, deren Modul Potenzen enthält, mag es genügen die Leser auf die Werke von Gauß und Legendre zu verweisen, in welchen diese Theorie ausgeführt wird.

10. Anmerk. Um die Congruenz $ax^2 \equiv b$, mod. M, in welcher a eine relative Primzahl gegen M bedeuten soll, aufzulösen, bestimme man die Zahl μ so, daß $a\mu \equiv 1$, mod. M. Multiplicirt man die vorgelegte Congruenz mit μ, so geht dieselbe in die folgende über:

$$x^2 \equiv b\mu, \text{ mod. } M.$$

Fünfter Abschnitt.

Ueber die Auflösung unbestimmter Gleichungen des zweiten Grades in rationalen Zahlen.

1. Es sei

$$1) \quad ax^2 + bxy + cy^2 + dx + ey + f = 0$$

eine Gleichung des zweiten Grades zwischen x und y, deren Coefficienten sämmtlich ganze Zahlen sind. Man verlangt diejenigen rationalen Werthe von x und y, welche diese Gleichung befriedigen. Zunächst ist zu bemerken, daß wenn in dieser Gleichung einer der Coefficienten a, c, z. B. a, gleich Null wäre, dieselbe in Bezug auf x nur vom ersten Grade sein, und daher jeder beliebig angenommene rationale Werth von y auch ein rationales x geben würde. Daher wird dieser Fall ausgeschlossen und angenommen, daß weder $a = 0$ noch $c = 0$.

Multiplicirt man die Gleichung 1) mit $4a$, so kommt:

$$(2ax+by+d)^2 = (d+by)^2 - 4a(f+ey+cy^2).$$

Setzt man $2ax+by+d=u$, $d^2-4af=g$, $db-2ae=h$, endlich $b^2-4ac=A$, so entsteht die Gleichung $u^2=g+2hy+Ay^2$.

Multiplicirt man diese mit A, und setzt: $Ay+h=v$, $h^2-Ag=B$, so folgt:

$$2) \quad v^2 = Au^2+B.$$

Es wird angenommen, daß weder A noch B gleich Null ist.

Ist nun die Gleichung 2) in rationalen Zahlen lösbar, so erhält man die Auflösung der Gleichung 1) vermittelst der Formeln:

$$x = \frac{Au-bc+hb-Ad}{2aA}, \quad y = \frac{v-h}{A}.$$

Ist aber die Gleichung 2) in rationalen Zahlen nicht lösbar, so ist es die gegebene 1) auch nicht; weil jene eine nothwendige Folge von dieser ist.

2. Man kann annehmen, daß die Zahlen A und B keinen quadratischen Factor haben. Denn wäre $A=A'a^2$, $B=B'b^2$, also $v^2=A'a^2u^2+B'b^2$, so setze man $v=bv'$, $au=bu'$, und man erhält die Gleichung: $v'^2=A'u'^2+B'$, indem man den gemeinschaftlichen Factor b^2 wegläßt.

Man denke sich jetzt die Brüche v, u, auf ihren kleinsten gemeinschaftlichen Nenner gebracht; derselbe sei z, und $v=\frac{x}{z}$, $u=\frac{y}{z}$. Es ist klar, daß die ganzen Zahlen x, y, z nicht alle drei einen gemeinschaftlichen Factor haben. Die Gleichung 2) geht nun über in die folgende $x^2=Ay^2+Bz^2$, in welcher A und B keinen quadratischen Factor haben. Daher sind auch je zwei der Zahlen x, y, z relative Primzahlen; denn hätten z. B. x und y einen gemeinschaftlichen Factor, so kann dieser in z, nach der Voraussetzung, nicht ebenfalls vorkommen; und es müßte daher B durch ein Quadrat theilbar sein.

Es sollen nun zuerst gewisse Bedingungen angegeben werden, ohne deren Erfüllung die Gleichung $x^2 = Ay^2 + Bz^2$ und folglich auch die Gleichung 1) unmöglich ist.

Es sei f der größte gemeinschaftliche Factor der Zahlen A und B, und $A = af$, $B = bf$; also $x^2 = afy^2 + bfz^2$. Da A und B keinen quadratischen Factor haben, so sind nicht allein a und b, sondern auch af und b, bf und a relative Primzahlen.

Nun sei p eine Primzahl, Divisor von b, so muß $x^2 \equiv afy^2$, mod. p, sein. Da nun x und y relative Primzahlen sind, so ist weder x noch y durch p theilbar; denn wäre es z. B. x, so müßte auch y es sein, da af es nicht ist.

Daher kann man eine Zahl z finden, welche so beschaffen ist, daß $yz \equiv 1$, mod. p. Multiplicirt man die Congruenz $x^2 \equiv afy^2$ mit z^2, so folgt, weil $y^2 z^2 \equiv 1$, mod. p, $(xz)^2 \equiv af$, mod. p.

Folglich muß $af = A$ quadratischer Rest jedes Factors p von b, folglich von b, und daher auch von $bf = B$ sein. Die erste Bedingung für die Möglichkeit der Gleichung $x^2 = Ay^2 + Bz^2$ ist also die, daß A quadratischer Rest von B ist. Zweitens muß, auf gleiche Weise, B quadratischer Rest von A sein.

In der vorgelegten Gleichung muß x durch f theilbar sein. Schreibt man daher fx statt x, so erhält man, nach Weglassung des gemeinschaftlichen Factors f, die Gleichung: $fx^2 = ay^2 + bz^2$. Multiplicirt man sie mit a, so kommt: $afx^2 = a^2 y^2 + abz^2$, folglich $(ay)^2 \equiv -ab.z^2$, mod. f.

Da nun abz^2 und f, wie leicht zu sehen, relative Primzahlen sind, so folgt, daß $-ab$ quadratischer Rest von f sein muß, weil $-abz^2$ es ist. Dies ist die dritte Bedingung.

In der Gleichung $x^2 = Ay^2 + Bz^2$ sind entweder die Zahlen A und B beide positiv, oder die eine positiv, die andere negativ. Wären beide negativ, so wäre die Gleichung unmöglich. Ist aber B negativ, oder die Gleichung

$$x^2 = Ay^2 - Bz^2,$$

in welcher A und B positiv, so setze man, da x durch f theilbar sein muß, $x = fx'$, woraus

$$ay^2 = fx'^2 + bz^2 \text{ folgt.}$$

Diese Gleichung giebt die drei Bedingungen, daß af quadratischer Rest von b, ab quadratischer Rest von f, endlich $-bf$ quadratischer Rest von a sein muß. Multiplicirt man sie mit a, so kommt $(ay)^2 = afx'^2 + abz'^2$.

Da in dieser Gleichung die Zahlen af und ab beide positiv sind, so soll angenommen werden, daß die vorgelegte Gleichung auf die Form $x^2 = Ay^2 + Bz^2$ gebracht worden ist, in welcher A und B positiv sind.

3. Statt der Gleichung $v^2 = Au^2 + B$ kann man die folgende $v^2 = Au^2 + Bw^2$ auflösen. Jede Auflösung der letztern in ganzen oder auch nur in rationalen Zahlen ist zugleich eine Auflösung der ersten in rationalen Zahlen. Es ist daher nicht darauf zu sehen, daß v, u, w immer ganze Zahlen sind.

Es werde zuerst angenommen, daß die beiden positiven Zahlen A und B ungleich sind; es sei B die kleinere von beiden. Da nun B quadratischer Rest von A, so giebt es eine oder mehrere positive Zahlen n, kleiner als $\frac{1}{2}A$, und so beschaffen, daß $\frac{n^2 - B}{A} = A'k^2$ eine positive ganze Zahl ist, welche den quadratischen Factor k^2 haben mag. Da nun $\frac{n^2 - B}{A}$ kleiner als $\frac{n^2}{A}$, und, weil $n < \frac{1}{2}A$, $\frac{n^2}{A} < \frac{1}{4}A$; so ist $A'k^2 < \frac{1}{4}A$.

Man setze $v = nw - Aw'$, so folgt:

$$(n^2 - B)w^2 - 2nAww' + A^2w'^2 = Au^2, \text{ oder}$$

$$A'k^2w^2 - 2nww' + Aw'^2 = u^2, \text{ weil } n^2 - B = AA'k^2.$$

Multiplicirt man diese Gleichung mit $A'k^2$, so folgt:

$$(A'k^2w - nw')^2 - (n^2 - AA'k^2)w'^2 = A'k^2u^2,$$

und setzt man:

$$A'k^2 w - n w' = v', \quad k u = u', \quad n^2 - A A' k^2 = B,$$

so erhält man:

$$3) \quad v'^2 = A' u'^2 + B w'^2.$$

Diese Gleichung ist der gegebenen ähnlich, aber $A' < \frac{3}{4} A$.

Es läßt sich nun nachweisen, daß auch in 3) die obigen Bedingungen der Möglichkeit erfüllt werden, wenn diese Bedingungen in der Gleichung $v^2 = A u^2 + B w^2$ statt fanden.

Es sei f' der größte gemeinschaftliche Factor der Zahlen A' und B, also $A' = a' f'$, $B = b' f'$, so muß A' von B, B von A', endlich $-a' b'$ von f' quadratischer Rest sein.

Nun war $n^2 - B = A A' k^2$. In dieser Gleichung sind B und k relative Primzahlen; denn hätten sie einen gemeinschaftlichen Factor, so müßte B durch das Quadrat desselben theilbar sein, gegen die Voraussetzung. Ferner ersieht man aus dieser Gleichung unmittelbar, daß B quadratischer Rest von A' ist.

Es sei p ein Primfactor von B, welcher nicht Divisor von $A A' k^2$ ist. Alsdann ist $n^2 \equiv A A' k^2$, mod. p, und weil, nach der Voraussetzung, A quadratischer Rest von p, so ist es auch $A' k^2$, folglich A'.

Ist aber der Primfactor p von B zugleich Divisor von A', so ist $x^2 \equiv A'$, mod. p, sobald $x \equiv 0$, mod. p.

Ist drittens p ein Divisor von B und A, also ein Divisor ihres gemeinschaftlichen Factors f, so ist n durch f theilbar. Setzt man daher $n = f \nu$, so folgt:

$$f \nu^2 - b = a A' k^2.$$

Da nun b nicht theilbar ist durch den Primfactor p von f, so ist es auch $a A' k^2$ nicht. Es ist daher: $-b \equiv a A' k^2$, mod. p, oder wenn mit a multiplicirt wird, $-a b \equiv a^2 k^2 . A'$, mod. p, und da nach der Voraussetzung $-a b$ quadratischer Rest von p, oder vielmehr von f, so ist auch A' quadratischer Rest von p, also auch von f. Folglich ist überhaupt A' quadratischer Rest von B.

Endlich muß noch $-a'b'$ quadratischer Rest von f' sein. Da nun $n^2 - B = AA'k^2$, so muß n durch f' theilbar sein; setzt man also $f'v' = n$, so folgt: $f'v'^2 - b' = Aa'k^2$. In dieser Gleichung ist b' relative Primzahl gegen f', folglich ist es auch $Aa'k^2$. Nun ist A quadratischer Rest von B, folglich auch von f', also auch Aa'^2k^2 quadratischer Rest von f', und da $Aa'^2k^2 \equiv -a'b'$, mod. f', so ist $-a'b'$ quadratischer Rest von f', w. z. b. w.

Wofern nun in der Gleichung 3) A' noch größer als B, so kann man dieselbe auf eine andere reduciren, in welcher an die Stelle von A' ein Coefficient A'' tritt, welcher kleiner ist als $\frac{1}{4}A'$, und dieses Verfahren so weit fortsetzen, bis man auf eine Gleichung $v^2 = A_n u^2 + Bw^2$ gekommen ist, in welcher A_n gleich oder kleiner als B. Diese Reductionen werden kein Hinderniß erfahren, da, wie bewiesen, die Bedingungen derselben für jede Gleichung erfüllt werden, wenn sie für die vorigen erfüllt sind.

Ist nun $v^2 = Au^2 + Bw^2$ eine reducirte Gleichung, in welcher B größer als A, so muß die Reduction auf folgende Art fortgesetzt werden.

Da A quadratischer Rest von B, so nehme man $m^2 \equiv A$, mod. B, und es sei m kleiner als $\frac{1}{2}B$. Alsdann ist $\frac{m^2 - A}{B} = B'k^2$, kleiner als $\frac{1}{4}B$.

Man setze $v = mu - Bu'$, so kommt:

$$(m^2 - A)u^2 - 2mBuu' + B^2u'^2 = Bw^2, \text{ oder}$$
$$B'k^2u^2 - 2muu' + Bu'^2 = w^2.$$

Multiplicirt man mit $B'k^2$, und setzt $B'k^2u - mu' = v'$, $kw = w'$, so folgt:

$$(B'k^2u - mu')^2 = B'w'^2 + (m^2 - BB'k^2)u'^2, \text{ oder}$$
$$v'^2 = B'w'^2 + Au'^2.$$

In dieser Gleichung ist $B' < \frac{1}{4}B$; im übrigen ist sie der vorigen ähnlich, und erfüllt die Bedingungen der Möglichkeit eben sowohl als diese. Der Beweis hiervon ist dem vorhin geführten im Wesentlichen gleich.

4. Findet sich aber in der gegebenen oder in einer der erhaltenen reducirten Gleichungen $A = B$, so muß die weitere Reduction auf folgende Art vorgenommen werden.

Da die Gleichung $v^2 = Bu^2 + Bw^2$ nicht von vorn herein unmöglich sein soll, so gehen die drei hierzu nöthigen Eigenschaften über in die einzige Bedingung, daß -1 quadratischer Rest von B sein muß. Denn die beiden andern Bedingungen heißen in dem vorliegenden Falle nur so viel, daß B quadratischer Rest von B ist; was sich von selbst versteht. Daß aber die obige Bedingung erfüllt wird, wenn die Gleichung $v^2 = Bu^2 + Bu^2$ aus der Reduction von

$$v^2 = Au^2 + Bw^2$$

hervorgegangen ist, sieht man leicht. Denn da in diesem Falle $A' = B$, und $n^2 - B = ABk^2$, (siehe oben), so folgt $n = B\nu$, also $B\nu^2 - 1 = Ak^2$ oder $Ak^2 \equiv -1$, mod. B. Da nun A quadratischer Rest von B, so ist es auch -1.

Zur Reduction der gegebenen Gleichung nehme man nun $n = B$, so daß $\frac{n^2 - B}{B} = B - 1$, man setze $v = Bu - Bu'$, so folgt:

$$B(u - u')^2 = u^2 + w^2, \text{ oder}$$
$$(B - 1)u^2 - 2Buu' + Bu'^2 = w^2.$$

Es sei nun k^2 der größte quadratische Factor von $B - 1$, also $B - 1 = B'k^2$, oder $B'k^2u^2 - 2Buu' + Bu'^2 = w^2$.

Multiplicirt man mit $B'k^2$, und setzt $B'k^2u - Bu' = v'$, $kw = w'$, so folgt $v'^2 = B'w'^2 + Bu'^2$.

In dieser Gleichung sind B' und B relative Primzahlen, folglich fällt die dritte Bedingung hinweg, oder sie wird von selbst erfüllt. Da ferner $B'k^2 + 1 = B$, so ist B quadratischer Rest von B', und weil -1 quadratischer Rest von B, so ist auch $B'k^2 \equiv -1$, mod. B, quadratischer Rest von B, folglich auch B' quadratischer Rest von B.

Sobald also in der vorgelegten Gleichung die mehrmals erwähnten 3 Bedingungen erfüllt sind, so steht kein Hinderniß entgegen, diese Gleichung nach und nach so zu reduciren, daß immer der größere ihrer beiden Coefficienten in einen anderen, beträchtlich kleineren verwandelt wird. Diese Reduction läßt sich nun so weit fortsetzen, bis man auf eine Gleichung $v^2 = u^2 + Bw^2$ kommt, in welcher einer der Coefficienten gleich der Einheit ist. Da diese Gleichung immer lösbar ist, so ist hiermit bewiesen, daß die mehr erwähnten drei Bedingungen, deren Erfüllung zur Auflösung der Gleichung

$$x^2 = Ay^2 + Bz^2$$

erfordert wird, auch zugleich hinreichen. Sie geben daher ein Kennzeichen ab, nach welchem über die Lösbarkeit einer vorgelegten Gleichung $x^2 = Ay^2 + Bz^2$ entschieden werden kann.

5. Die Auflösung der Gleichung $v^2 = u^2 + Bw^2$ ergiebt sich sehr leicht. Es ist klar, daß eine Auflösung in ganzen Zahlen die Stelle jeder andern vertritt; man betrachte also v, u, w als ganze Zahlen.

Nun ist $v^2 - u^2 = Bw^2$; man theile B in zwei Factoren b, b', und setze $w = pqr$, so muß $v + u$ ein Divisor von Bw^2 sein.

Wird also $v + u = bp^2r$ gesetzt, so folgt $v - u = b'q^2r$, folglich $2v = (bp^2 + b'q^2)r$, $2u = (bp^2 - b'q^2)r$, $w = pqr$.

Nimmt man für p, q, r, beliebige Zahlen, so erhält man aus diesen Formeln die Auflösung der vorgelegten Gleichung. Mit Weglassung des gemeinschaftlichen Factors r findet sich $v = \frac{bp^2 + b'q^2}{2}$, $u = \frac{bp^2 - b'q^2}{2}$, $w = pq$.

In diesen Formeln kann man den Zähler p, q beliebige ganze, und, wenn man will, auch gebrochene Werthe geben. Da aber jede Auflösung in gebrochenen Zahlen einer bestimmten Auflösung in ganzen Zahlen entspricht, aus welcher sie gefolgert werden kann, so ist es überflüssig, für p und q gebrochene Zahlen anzunehmen.

Indem man nun B auf alle möglichen verschiedenen Arten in zwei Factoren theilt, erhält man aus den angegebenen Formeln auch alle möglichen Auflösungen der vorgelegten Gleichung $v^2 = u^2 + Bw^2$ in ganzen Zahlen.

6. Beispiel. Es soll $v^2 = 11u^2 + 5w^2$ sein. Man hat $\frac{n^2-5}{11} = 1$, für $n = 4$, und setze daher $v = 4w - 11w'$. Man erhält $(w - 4w')^2 = u^2 + 5w'^2$, also wenn $w - 4w' = v'$ gesetzt wird,

$$v'^2 - u^2 = 5w'^2;$$

oder

$$v' + u = 5p^2, \quad v' - u = q^2; \quad w' = pq;$$

also

$$v' = \frac{q^2+5p^2}{2}, \quad u = \frac{5p^2-q^2}{2}, \quad w' = pq.$$

Hieraus folgt:

$$w = 4pq + \frac{q^2+5p^2}{2}, \quad v = 5pq + 2q^2 + 10p^2,$$

$$u = \frac{q^2-5p^2}{2}.$$

In der That ist:

$$4(5pq+2q^2+10p^2)^2 = 11(q^2-5p^2)^2 + 5(8pq+q^2+5p^2)^2.$$

Zweite Abtheilung.

Sechster Abschnitt.

Von den quadratischen Formen der Zahlen. Begriff und allgemeine Eigenschaften derselben.

1. Wenn man in dem Ausdrucke $t^2 - Dy^2$, in welchem D eine beliebige positive oder negative ganze Zahl ist, für die unbestimmten Zahlen t und y nur relative Primzahlen setzt, so frägt sich, ob jede beliebige Zahl, und insbesondere jede Primzahl ein Divisor von $t^2 - Dy^2$ ist, d. h. ob sich für jede gegebene Zahl p solche Werthe von t und y ermitteln lassen, welche keinen gemeinschaftlichen Factor haben und zugleich die Größe $t^2 - Dy^2$ durch p theilbar machen.

Es ist leicht zu sehen, daß $t^2 - Dy^2$ durch eine Primzahl p theilbar ist, oder nicht ist, je nachdem D quadratischer Rest oder Nichtrest von p ist. Denn mit D ist immer zugleich Dy^2 quadratischer Rest oder Nichtrest von p.

Es ist also Grund vorhanden, die Primzahlen in zwei Classen einzutheilen, je nachdem sie Divisoren oder Nichtdivisoren von $t^2 - Dy^2$ sind. Ob es Fälle giebt, in welchen die zweite Classe gar keine Primzahl enthält, ist allgemein zu untersuchen nicht nothwendig *). Es reicht hin, gewisse Eigenschaften und Formen der Divisoren zu finden, durch welche es leicht wird, diese in jedem Falle von den Nichtdivisoren zu unterscheiden. Die linearen Formen der Divisoren und Nichtdivisoren lassen sich immer durch das Gesetz der Reciprocität fin-

*) Ist D positiv und ein Quadrat, $D = g^2$, so sind offenbar alle Zahlen Divisoren von $t^2 - Dy^2 = (t - gy)(t + gy)$.

den, wie in dem dritten Abschnitte gezeigt ist; von jetzt an werden die quadratischen Formen der Gegenstand der Untersuchung sein.

Es sei p eine positive Zahl, Primzahl oder nicht, und Divisor des Ausdrucks $t^2 - Dy^2$, in welchem D eine positive oder negative durch p nicht theilbare ganze Zahl ist, ferner t und y zwei unbestimmte Zahlen, jedoch immer nur relative Primzahlen bedeuten. Der Quotient, welcher hervorgeht, wenn man mit p in $t^2 - Dy^2$ dividirt, nachdem man den Zahlen t und y solche bestimmte Werthe gegeben hat, die $\frac{t^2 - Dy^2}{p}$ zu einer ganzen Zahl machen, heiße Q.

Man hat also $t^2 - Dy^2 = pQ$.

Es ist anzunehmen, daß p und y relative Primzahlen sind. Denn hätten sie einen gemeinschaftlichen Factor, so hätte auch t denselben Factor; also wären t und y nicht relative Primzahlen, gegen die Voraussetzung. Daher kann man immer zwei ganze Zahlen x und r so bestimmen, daß

$$t = px + ry,$$

in welcher Gleichung offenbar auch x und y relative Primzahlen sind.

Setzt man diesen Ausdruck an die Stelle von t, so kommt:

$$(px + ry)^2 - Dy^2 = pQ,$$

oder entwickelt: $p^2x^2 + 2prxy + (r^2 - D)y^2 = pQ$.

Dividirt man diese Gleichung mit p, so kommt:

$$px^2 + 2rxy + \frac{r^2 - D}{p} . y^2 = Q.$$

Es muß also $\frac{r^2 - D . y^2}{p}$ eine ganze Zahl sein, da alle übrigen Glieder der Gleichung es sind; und da p eine relative Primzahl gegen y, so muß $\frac{r^2 - D}{p} = q$ eine ganze Zahl sein. Man hat also:

$Q = px^2 + 2rxy + qy^2$, $r^2 - D = qp$, $D = r^2 - qp$.

Die Zahl Q stellt nicht weniger als p jeden beliebigen Divisor des Ausdrucks $t^2 - Dy^2$ vor, und man erhält daher folgenden

Lehrsatz. Giebt man in dem Ausdrucke $t^2 - Dy^2$ den unbestimmten Zahlen t und y nur solche Werthe, welche keinen gemeinschaftlichen Factor haben, so läßt sich jeder Divisor Q dieses Ausdrucks durch einen andern Ausdruck $px^2 + 2rxy + qy^2$ darstellen, in welchem x und y relative Primzahlen und p, r, q ganze Zahlen sind, welche die Eigenschaft haben, daß $r^2 - pq = D$.

Die Zahl $D = r^2 - pq$ wird wegen ihrer Wichtigkeit in den vorstehenden Ausdrücken die Determinante genannt, und der gefundene Ausdruck für Q heißt eine quadratische Form der Zahl Q, von der Determinante D.

2. Eine gegebene quadratische Form $px^2 + 2rxy + qy^2$ (F) — kann man durch Einführung anderer unbestimmter Zahlen an die Stelle von x und y in unendlich viele andere verwandeln. Nimmt man vier beliebige Zahlen α, β, γ, δ, und setzt:

$$x = \alpha x' + \beta y', \quad y = \gamma x' + \delta y',$$

indem unter x', y' unbestimmte Zahlen verstanden werden, welche offenbar keinen gemeinschaftlichen Factor haben, wenn x und y keinen solchen haben, so erhält man eine neue quadratische Form

$$(F')\, ax'^2 + 2bx'y' + cy'^2,$$

in welcher die Zahlen a, b, c von den Zahlen α, β, γ, δ und p, q, r so abhängen, daß

$$\begin{aligned} a &= p\alpha^2 + 2r\alpha\gamma + q\gamma^2, \\ b &= p\alpha\beta + r(\alpha\delta + \beta\gamma) + q\gamma\delta, \\ c &= p\beta^2 + 2r\beta\delta + q\delta^2, \end{aligned}$$

wie sich durch die Substitution der obigen Werthe von x und y in F ergiebt.

Multiplicirt man diese 3 Gleichungen mit p, so erhält man:

$$pa = (p\alpha + r\gamma)^2 - D\gamma^2,$$
$$pb = (p\alpha + r\gamma)(p\beta + r\delta) - D\gamma\delta,$$
$$pc = (p\gamma + r\delta)^2 - D\delta^2.$$

Hieraus ergiebt sich:

$$p^2(b^2 - ac) = [(p\alpha + r\gamma)(p\beta + r\delta) - D\gamma\delta]^2$$
$$- [(p\beta + r\gamma)^2 - D\gamma^2][(p\beta + r\delta)^2 - D\delta^2].$$

In dieser Gleichung heben sich, wie leicht zu übersehen, mehrere Glieder auf, und man erhält:

$$p^2(b^2 - ac) = -2D\gamma\delta(p\alpha + r\gamma)(p\beta + r\delta) + D\gamma^2(p\beta + r\delta)^2$$
$$+ D\delta^2(p\alpha + r\gamma)^2,$$

folglich

$$\frac{p^2(b^2 - ac)}{D} = [\gamma(p\beta + r\delta) - \delta(p\alpha + r\gamma)]^2 = p^2(\gamma\beta - \alpha\delta)^2,$$

folglich

$$b^2 - ac = D(\gamma\beta - \alpha\delta)^2.$$

Die Zahl $b^2 - ac$ ist nun offenbar die Determinante der Form F', und mag daher nach der Analogie mit D' bezeichnet werden.

Die Substitution, durch welche man von der Form F auf die Form F' überging, oder, um kürzer zu sprechen, die Substitution aus F in F' war $x = \alpha x' + \beta y'$, $y = \gamma x + \delta y'$.

Hieraus ergiebt sich leicht:

$$(\alpha\delta - \beta\gamma)x' = \delta x - \beta y,$$
$$(\beta\gamma - \alpha\delta)y' = \gamma x - \alpha y.$$

Sind nun x' und y' ganze Zahlen, so sind auch x und y ganze Zahlen. Daher kann jede Zahl, welche für gewisse Werthe von x' und y' durch die Form F' dargestellt wird, auch durch die Form F dargestellt werden; d. h. giebt es ganze Zahlen x' und y', dieselben mögen nun relative Primzahlen sein oder nicht, welche den Werth der Form F' gleich einer gegebenen Zahl A machen, so giebt es auch ganze Zahlen x und y, welche der Form F denselben Werth A geben. Daher ist jeder Werth von F' in der Form F

enthalten, oder die Form F' ist in F enthalten. Soll aber umgekehrt auch die Form F in F' enthalten sein, so wird erfordert, daß x' und y' ganze Zahlen werden, sobald x und y in ganzen Zahlen beliebig angenommen sind. Dieser Fall kann nur dann Statt finden, wenn die Zahl $e = \alpha\delta - \beta\gamma$ ein gemeinschaftlicher Divisor der vier Zahlen α, β, γ, δ ist. Indem nun zuvörderst nicht angenommen wird, daß $\alpha\delta - \beta\gamma$ gleich Null ist, setze man $\alpha = \alpha' e$, $\beta = \beta' e$, $\gamma = \gamma' e$, $\delta = \delta' e$; so kommt:

$$\alpha\delta - \beta\gamma = e = (\alpha'\delta' - \beta'\gamma')e^2.$$

Und da $\alpha'\delta' - \beta'\gamma'$ nicht gleich Null sein kann, so folgt, indem man mit e dividirt:

$$(\alpha'\delta' - \beta'\gamma')e = 1.$$

Folglich kann e nur entweder $= +1$ oder $e = -1$ sein.

Ist nun F in F' und F' in F enthalten, also $e = \pm 1$, so heißen die beiden Formen F und F' gleichgeltende oder äquivalente Formen, weil jede Zahl, die durch eine dieser Formen dargestellt wird, auch durch die andere dargestellt wird.

Da die Determinanten der Formen F und F' durch die Gleichung $D' = De^2$ mit einander verbunden sind, so folgt, daß äquivalente Formen immer gleiche Determinanten haben.

3. Lehrsatz. Sind zwei Formen F' und F'' einer dritten F äquivalent, so sind sie einander selbst äquivalent.

Beweis. Die Substitution aus F in F' sei:

$$x = \alpha x' + \beta y',\quad y = \gamma x' + \delta y',\quad \alpha\delta - \beta\gamma = e = \pm 1.$$

Und die Substitution aus F in F'' sei:

$$x = \alpha' x'' + \beta' y'',\quad y = \gamma' x'' + \delta' y'',\quad \alpha'\delta' - \beta'\gamma' = e' = \pm 1.$$

Um die Substitution aus F' in F'' zu finden, muß man x' und y' durch x'', y'' ausdrücken. Man hat:

$$\alpha x' + \beta y' = \alpha' x'' + \beta' y'' \text{ und } \gamma x' + \delta y' = \gamma' x'' + \delta' y''.$$

Hieraus folgt:

$$(\alpha\delta - \beta\gamma)x' = (\alpha'\delta - \beta\gamma')x'' + (\beta'\delta - \delta'\beta)y'',$$
$$(\beta\gamma - \alpha\delta)y' = (\alpha'\gamma - \gamma'\alpha)x'' + (\beta'\gamma - \delta'\alpha)y''.$$

Eben so erhält man auch für die Substitution aus F'' in F':

$$(\alpha'\delta'-\beta'\gamma')x''=(\alpha\delta'-\beta'\gamma)x'+(\beta\delta'-\delta\beta')y',$$
$$(\beta'\gamma'-\alpha'\delta')y''=(\alpha\gamma'-\gamma\alpha')x'+(\beta\gamma'-\delta\alpha')y'.$$

Da nun $\alpha\delta-\beta\gamma=e=\pm1$, $\alpha'\delta'-\beta'\gamma'=e'=\pm1$, so ist sowohl die Form F' in F'' als F'' in F' enthalten; also beide äquivalent.

Anmerkung. In Bezug auf die Substitution aus F' in F'' bemerke man noch, daß

$$(\alpha'\delta-\beta\gamma')(\beta'\gamma-\delta'\alpha)-(\alpha'\gamma-\gamma'\alpha)(\beta'\delta-\delta'\beta)$$
$$=-\alpha'\delta(\alpha\delta-\beta\gamma)+\beta'\gamma'(\alpha\delta-\beta\gamma)$$
$$=-(\alpha'\delta'-\beta'\gamma')(\alpha\delta-\beta\gamma)=-ee'.$$

Eben diese Relation gilt auch in Bezug auf die Coefficienten, welche die Substitution aus F'' in F' enthält.

3. Lehrsatz. Mit einer im folgenden §. zu erwähnenden Ausnahme läßt sich jede quadratische Form auf eine andere, ihr äquivalente Form zurückführen, in welcher der Coefficient $(2b)$ des mittleren Gliedes nicht größer ist, als jeder der beiden andern Coefficienten (a und c); ohne Rücksicht auf die positiven oder negativen Zeichen, mit welchen diese Coefficienten in der quadratischen Form behaftet sein mögen.

Beweis. In der Form $(F)\,ax^2+2bxy+cy^2$ sei a kleiner oder höchstens gleich c, ohne Rücksicht auf die Zeichen, und $2b$ größer als a. Man nehme nun diejenige ganze Zahl m, welche dem Quotienten $\frac{b}{a}$ am nächsten kommt, mit dem Zeichen dieses Quotienten $\frac{b}{a}$, so ist $\frac{b}{a}-m$ zwischen den Grenzen $+\frac{1}{2}$ und $-\frac{1}{2}$ enthalten, und folglich, abgesehen vom Zeichen, $b-am$ kleiner oder wenigstens nicht größer als $\frac{1}{2}a$.

Nun werde $x=x'-my'$, $y=y'$ gesetzt, so erhält man die Form

$$(F')\,ax'^2+2(b-am)x'y'+(am^2-2bm+c)y'^2,$$

welche der vorigen F äquivalent ist. In der Form F' ist nun der mittlere Coefficient $2(b-am)=2b'$, abgesehen vom

Zeichen, kleiner als a und kleiner als $2b$, also b' kleiner als b. Wofern nun der mittlere Coefficient $2b'$ noch größer ist, als der letzte $c' = am^2 - 2bm + c$, in der Form F', so setze man $y' = y'' - nx''$, $x' = x''$, und nehme für n diejenige ganze Zahl, welche dem Bruch $\frac{b'}{c'}$ am nächsten kommt. Hierdurch erhält man eine neue Form

$$(F'') \quad a'x''^2 + 2b''x''y'' + c'y''^2,$$

in welcher $2b''$ kleiner als c' und b'' kleiner als b' ist.

So lange also der mittlere Coefficient $2b$ noch größer ist, als einer der beiden andern, läßt sich eine äquivalente quadratische Form finden, deren mittler Coefficient $2b'$ kleiner ist, als der vorige $2b$. Da nun die Reihe der abnehmenden, d. h. der Null sich nähernden Zahlen b, b', b''.... nicht ohne Ende sein kann, so muß die Möglichkeit einer weitern Reduction auf dem eingeschlagenen Wege einmal aufhören, und dies geschieht, wenn der mittlere Coefficient $2b$ kleiner oder nicht mehr größer ist, als jeder der beiden andern, a, c. Die Formen, welche diese Eigenschaft besitzen, heißen **reducirte** Formen.

4. Es wurde bisher keine Rücksicht auf einen Fall genommen, welcher sich bei den Transformationen aus F in F', F'', etc., welche im vorigen §. angewendet wurden, ereignen konnte; nemlich den, daß einer der beiden Coefficienten a, c in irgend einer dieser Formen gleich Null war. Dieser Fall kann nur dann eintreten, wenn die Determinante $b^2 - ac$ ein vollständiges Quadrat, und **positiv** ist. Sollte z. B. in der Form F' die Größe $c' = 0$ sein, so müßte die ganze Zahl m eine Wurzel der Gleichung $am^2 - 2bm + c = 0$, folglich die Quadratwurzel aus der Determinante $b^2 - ac$ der gegebenen Form F eine ganze Zahl sein. Es ist also dieser Fall als gänzlich ausgeschlossen zu betrachten.

Jede gegebene quadratische Form, deren Determinante keine positive Quadratzahl, ist also wenigstens einer reducirten Form von derselben Determinante äquivalent. Es läßt sich aber leicht zeigen, daß die Anzahl der reducirten Formen einer gegebenen Determinante immer eine endliche ist. Denn sei 1) D positiv, so soll $2b$ nicht größer als a und c, also $4b^2$ nicht größer als ac sein. Da nun $b^2 - ac = D$, so kann D nur dann positiv sein, wenn die Zahlen a und c ein negatives Product geben, also ungleiche Zeichen haben.

Man nehme an, daß a und c beide positiv oder beide negativ sind, so ist die reducirte Form immer

$$ax^2 + 2bxy - cy^2,\ b^2 + ac = D.$$

In dieser Form muß nun $4b^2 < ac$ sein, folglich: $5b^2 < b^2 + ac$, also $5b^2 < D$, oder $b < \sqrt{(\frac{1}{5} D)}$.

Der Zahl b können also nur die Werthe 0, 1, 2, 3.... bis zu der größten in $\sqrt{(\frac{1}{5} D)}$ enthaltenen ganzen Zahl gegeben werden.

Nun ist $ac = D - b^2$; man kann also für a und c nur höchstens so viele verschiedene Werthe erhalten, als verschiedene Theilungen der Zahl $D - b^2$ in zwei Factoren möglich sind.

Ist aber die Determinante negativ, $b^2 - ac = -D$, $ac - b^2 = D$, so ist in den reducirten Formen wieder $4b^2 < ac$, also $3b^2 < ac - b^2$, oder $3b^2 < D$, $b < \sqrt{\frac{1}{3} D}$.

Es giebt also für jede Determinante nur eine endliche Anzahl reducirter Formen, deren einer wenigstens jede beliebige Form von derselben Determinante äquivalent sein muß. Und da jeder Divisor von $t^2 - Dy^2$ durch eine quadratische Form von der Determinative D dargestellt wird (§. 1.); so wird auch jeder Divisor wenigstens durch eine dieser reducirten Formen sich darstellen lassen.

5. Beispiel. Man soll die Form $13x^2 + 16xy - 5y^2$ reduciren, deren Determinante $8^2 + 5.13 = 129$ ist.

Da 13 größer als 5, so muß man mit -5 anfangen.

Man erhält $m = -2$, da -2 die nächste ganze Zahl zu $-\frac{8}{5}$ ist. Man setze also $x = x'$, $y = y' + 2x$, so kommt:

$$13x'^2+16(y'+2x')x'-5(y'+2x')^2, \text{ oder}$$
$$(13+32-20)x'^2+2(8-10)x'y'-5y'^2,$$

d. i. $25x'^2-4x'y'-5y'^2$, als reducirte Form.

Die Determinante dieser Form ist $4+5.25=129$, wie die der gegebenen.

Um die Form $53x^2+116xy+93y^2$ zu reduciren, setze man: $x=x'-y'$, $y=y'$, da 1 zunächst an $\frac{58}{53}$. Hierdurch erhält man die Form $53x'^2+10x'y'+30y'^2$, welche eine reducirte ist. Die Determinante ist in diesem Beispiele:

$$58^2-93\times53=5^2-30\times53=-1565.$$

Man soll die Form $83x^2+380xy+435y^2$ reduciren, deren Determinante $=190^2-83.435=-5$ ist.

Wird, da $\frac{190}{83}$ zunächst an 2, $x=x'-2y'$, $y=y'$ gesetzt, so ergiebt sich die Form:

$$83x'^2+48x'y'+7y'^2.$$

Wird in dieser Form: $y'=y''-3x''$, $x'=x''$ gesetzt, so kommt:

$$2x''+6x''y''+7y''^2.$$

Endlich reducirt sich diese Form durch die Annahme:

$$x''=x_1-y_1, \quad y''=y_1,$$

auf die folgende: $2x_1^2+2x_1y_1+3y_1^2$, mit welcher die Aufgabe gelöst ist.

Will man nun eine Substitution finden, durch welche man direct von der Form: $83x^2+380xy+435y^2$ auf die reducirte Form: $2x_1^2+2x_1y_1+3y_1^2$ übergehen kann, so nehme man die oben gemachten Substitutionen zusammen, wie folgt:

$$\begin{array}{ll}
x = x'-2y', & y=y', \\
x' = x'', & y'=y''-3x'', \\
\hline
x = x''-2(y''-3x''), & y=y''-3x'', \\
x = 7x''-2y'', & y=y''-3x'', \\
x'' = x_1-y_1, & y''=y_1, \\
\hline
x = 7x_1-9y_1, & y=-3x_1+4y_1.
\end{array}$$

Diese Substitution ist äquivalent, da: $4.7-3.9=1$. (cf. §. 3.)

6. Nach der in §. 4. und 5. gegebenen Theorie ist es auch leicht, sämmtliche reducirte Formen eines gegebenen Determinanten zu finden. Dies mag an den Beispielen der Determinanten $+15$ und -15 gezeigt werden.

Es sei 1) $D=+15$, so muß (§. 4.) b kleiner sei als $\sqrt{\tfrac{1}{5}.15}$ oder $\sqrt{3}$, also kann b nur gleich Null oder $b=1$ sein.

Ist nun 1) $b=0$, $ac=15$, so kann man setzen:

$$a=1,\quad c=15,$$
$$a=3,\quad c=5,$$
$$a=5,\quad c=3,$$
$$a=15,\quad c=1,$$

Hieraus ergeben sich die reducirten Formen:

$$x^2-15y^2,\quad 3x^2-5y^2,\quad 5x^2-3y^2,\quad 15x^2-y^2.$$

Man kann, um dieselben paarweise zusammenzufassen, schreiben:

$$\pm(x^2-15y^2)\qquad \pm(3x^2-5y^2).$$

Es sei 2) $b=1$, $ac=14$; so ist zu bemerken, daß a und c nicht kleiner als $2b=2$ sein dürfen, wenn eine reducirte Form entstehen soll. Also kann z. B. a nicht $=1$ gesetzt werden.

Es bleiben also die Fälle:

$$a=2,\quad c=7,$$
$$a=7,\quad c=2,$$

welche die Formen geben:

$$2x^2+2xy-7y^2, \text{ und}$$
$$7x^2+2xy-2y^2.$$

Beide Formen lassen sich in dem Ausdrucke:

$$\pm(2x^2+2xy-7y^2)$$

zusammenfassen, in sofern zwischen den unbestimmten Zahlen x und y kein weiterer Unterschied gemacht wird.

Im Ganzen erhält man also 6 verschiedene reducirte Formen von der Determinante 15.

Für die Determinante -15 ergiebt sich $ac-b^2=15$, $b<\sqrt{\tfrac{1}{3}15}$, $b<\sqrt{5}$. Man kann also b nur nehmen $=0, 1, 2$.

1) $b=0,\quad ac=15,\quad a=1,\quad c=15,$
$\qquad\qquad\qquad\qquad a=3,\quad c=5,$

2) $b=1,\quad ac=16,\quad a=2,\quad c=8,$
$\qquad\qquad\qquad\qquad a=4,\quad c=4,$

3) $b=2,\quad ac=19$ läßt sich nicht zerlegen, da a und c wenigstens $=4$ sein müßten.

Es ergeben sich also die reducirten Formen:

$x^2+15y^2,\ 3x^2+5y^2,\ 2x^2+2xy+8y^2,\ 4x^2+2xy+4y^2.$

Da zwischen den Formen x^2+15y^2 und $15x^2+y^2$, oder $3x^2+5y^2$ und $5x^2+3y^2$ kein wesentlicher Unterschied ist, so brauchten z. B. in dem obigen Ansatze für $b=0$ die Fälle:

$$a=5,\quad c=3 \quad \text{und} \quad a=15,\quad c=1$$

nicht besonders aufgezählt zu werden.

Ob unter den verschiedenen reducirten Formen von einer gegebenen Determinante noch äquivalente sind, wird später untersucht werden.

6. Lehrsatz. Zwei Formen

$$(F)\quad ax^2+2bxy+cy^2 \quad \text{und}$$
$$(F')\quad ax'^2+2b'x'y'+c'y'^2$$

von gleicher Determinante

$$b^2-ac=b'^2-ac'=D,$$

deren erste Coefficienten beide einander gleich, nemlich beide $=a$ sind, und in welchen entweder $b\equiv+b'$, mod. a, oder auch $b\equiv-b'$, mod. a, sind äquivalent *).

Beweis. Man setze $x'=x-ny$, $y'=y$, so geht die Form F' über in die äquivalente

$$ax^2+2(b'-an)xy+(an^2-2b'n+c')y^2\ (f).$$

Da nun $b\equiv\pm b'$, mod. a, so kann man die ganze Zahl n so bestimmen, daß $b'-an=\pm b$; alsdann ist auch; weil

*) Sobald eine Zahl wie hier a, als Modul gebraucht wird, so ist sie immer absolut, d. h. ohne Rücksicht auf ihr Zeichen zu nehmen.

die Determinanten beider Formen F und f gleich sind,

$$an^2 - 2b'n + c' = c,$$

und die Form F' folglich auf die Form F gebracht.

Da nun die Substitution aus F' in F eine äquivalente ist, so sind die beiden Formen F und F' äquivalent.

7. Lehrsatz. Zwei nicht äquivalente Formen von einerlei Determinante können nicht dieselbe Primzahl darstellen.

Beweis. Es seien die beiden Formen F und F'; die erste stelle die positive Primzahl p dar durch die Werthe $x = m$, $y = n$, die zweite stelle dieselbe Primzahl p dar durch die Werthe $x' = m'$, $y' = n'$, so daß für diese Werthe zugleich $F = p$ und $F' = p$.

Da m und n relative Primzahlen sein müssen, so lassen sich zwei Zahlen μ und ν finden, welche der Gleichung $m\nu - n\mu = 1$ genügen.

Setzt man nun

$$x = mu + \mu v, \quad y = nu + \nu v,$$

so geht die Form F in eine äquivalente φ über; nemlich:

$$(\varphi)\, pu^2 + 2quv + rv^2,$$

in welcher $q^2 - pr = D = b^2 - ac$, also $q^2 \equiv D$, mod. p.

Auf gleiche Weise kann man zwei Zahlen μ' und ν' finden, welche der Bedingung $m'\nu' - n'\mu' = 1$ genügen; und setzt man wieder: $x' = m'u' + \mu'v'$, $y' = n'u + \nu'v'$, so geht die Form F' über in eine äquivalente:

$$(\varphi')\, pu'^2 + 2q'u'v' + r'v'^2,$$

in welcher $q'^2 - pr' = D$ also $q'^2 \equiv D$, mod. p.

Nun ist bekannt, daß, weil p eine Primzahl ist, die Congruenz $x^2 \equiv D$, mod. p, nur zwei verschiedene, d. h. nach dem Modul p nicht congruente Auflösungen zuläßt, und zwar ist eine derselben q, so ist die zweite $-q$. Es ist also entweder $q \equiv q'$, mod. p, oder $q \equiv -q'$, mod. p. Die Formen φ und φ' sind folglich (nach dem vorigen Lehrsatze) äquivalent; folglich sind auch die Formen F und F', welche beide dieselbe Primzahl p darstellen, einander äquivalent, w. z. b. w.

Zusatz. Hat man unter allen reducirten Formen von der Determinante D diejenigen ausgewählt, von welchen keine einer andern äquivalent ist, so erhält man eine Anzahl von Formen, welche sämmtliche Divisoren von $t^2 - Dy^2$ darstellen. Jede dieser Formen, wenn sie überhaupt positive Primzahlen darstellt, enthält dieselben auch ausschließlich, nach dem obigen Lehrsatze.

Siebenter Abschnitt.

Ueber die quadratischen Formen von negativer Determinante.

1. Es ist zweckmäßig, zuerst die Formen von negativer Determinante zu untersuchen, weil die Theorie derselben die einfachere ist. Unter den Buchstaben F wird also im Folgenden eine quadratische Form $ax^2 + 2bxy + cy^2$ verstanden, in welcher a, c gleiche Zeichen haben, und $b^2 - ac = -D$ eine negative, also $D = ac - b^2$ eine positive Zahl ist.

Man sieht leicht, daß, welche Werthe auch die Zahlen x und y erhalten mögen, die Form F stets eine positive Zahl n darstellt, wenn a und c positiv, oder eine negative, wenn a und c negativ. In dem zuletzt genannten Falle kann man statt der Form F die Form $-F$ betrachten, in welcher $-a$ und $-c$ positiv sind. Daher ist immer anzunehmen, daß in der Form F a und c positiv sind. Ferner wird die durch F dargestellte Zahl n nur dann gleich Null, wenn $x = 0$, $y = 0$. Denn multiplicirt man sie mit a, so erhält man $an = (ax + by)^2 + Dy^2$, woraus sich die Richtigkeit der eben gemachten Bemerkungen ergiebt.

Lehrsatz. Die Form F sei eine reducirte Form, also $2b$ kleiner, oder doch nicht größer als a und c, so sind a und c die kleinsten Zahlen, welche die Form F darstellt.

Beweis. Man erhält offenbar nicht die kleinsten Zahlen, welche in der Form F enthalten sind, wenn man das mittlere Glied $2bxy$ eine positive Zahl sein läßt. Man nehme daher an, daß eine der beiden Zahlen x und y negativ sei, wenn b positiv gegeben war. Es kann daher die Form F folgendermaßen geschrieben werden:

$$ax^2 - 2bxy + cy^2,$$

in welcher x und y, so wie b, positiv sind. Für bestimmte positive Werthe von x und y stelle diese Form die Zahl p dar, so daß:

$$ax^2 - 2bxy + cy^2 = p.$$

Von den Zahlen x und y muß eine nicht größer sein, als die andere; diese sei y, so daß entweder $x = y$ oder x größer als y.

Verringert man die Zahl x um 1, so ergiebt sich eine neue Zahl p', welche aber nothwendig positiv ist, nemlich:

$$p^1 = a(x-1)^2 - 2by(x-1) + cy^2 = p - 2ax + a - 2by,$$

oder

$$p^1 = p - 2b(x-y) - x(a-2b) - a(x-1).$$

Da nun keine der Zahlen $x-y$, $a-2b$, $x-1$, nach den Voraussetzungen, negativ sein kann, so ist p' offenbar kleiner als p.

Indem man also in der reducirten Form F die größte, oder, wenn beide gleich sind, eine beliebige der beiden unbestimmten Zahlen x und y um 1 vermindert, erhält man immer kleinere Zahlen, welche durch diese Form dargestellt werden. Man kommt aber zuletzt nothwendig auf die Werthe, welche F für $x = y = 1$, sodann für $x = 1$, $y = 0$ und $x = 0$, $y = 1$ erlangt; diese sind $a - 2b + c$, a, c, die letzten in der Reihe der abnehmenden Zahlen p, p', etc., und also die kleinsten. Da ferner $2b$ nicht größer als a und c, so ist $a - 2b + c$ nicht kleiner als a und c, und folglich sind a und c die kleinsten in der Form F enthaltenen Zahlen.

Zusatz 1. Sind also F und F' zwei verschiedene reducirte Formen von gleicher negativer Determinante, von denen die erste die kleinsten Zahlen a und c, die zweite die kleinsten Zahlen a' und c' enthält; so sind die beiden Formen F und F' nicht äquivalent.

Denn wären sie äquivalent, so müßten die kleinsten Zahlen, welche die eine Form darstellt, auch zugleich die kleinsten in der andern Form enthaltenen sein. Dies ist aber in den beiden reducirten Formen:

$$F)\quad ax^2 + 2bxy + cy^2 \text{ und}$$
$$F')\quad a'x^2 + 2b'xy + c'y^2$$

nur dann der Fall, wenn $a = a'$, $c = c'$, oder auch $a' = c$, $a = c'$. In beiden Fällen würden die Formen F und F' nicht verschieden, sondern identisch sein.

Zusatz 2. Ist a die kleinste in einer reducirten Form enthaltene Zahl, so ist es nicht möglich, der Gleichung

$$ax^2 - 2bxy + cy^2 = a$$

auf andere Weise zu genügen, als indem man setzt: $x = \pm 1$, oder auch, wofern $a = c$, $y = \pm 1$.

Beweis. Wäre in der vorstehenden Gleichung x größer als 1, so könnte auch y nicht gleich Null sein. Also würde sich eine dieser Zahlen um 1 vermindern, und dadurch, nach dem obigen Lehrsatze, eine Zahl darstellen lassen, welche kleiner als a sein würde, gegen die Voraussetzung.

Es ist auch klar, daß x nicht gleich Null sein kann, wofern nicht $c = a$, also $y^2 = 1$. Denn sollte $x = 0$, also $cy^2 = a$, nicht aber $c = a$ sein, so widerspräche die Gleichung $cy^2 = a$ der Voraussetzung, nach welcher c größer als a ist.

2. Lehrsatz. Es sei wiederum $(F)\ ax^2 + 2bxy + cy^2$ eine reducirte Form von negativer Determinante, und a die kleinste in denselben enthaltene Zahl, also a kleiner als c oder höchstens $a = c$. Auch werde angenommen, daß die Zahlen a, $2b$, c nicht alle drei einen gemeinschaftlichen Factor haben. Nun werde eine Primzahl p (größer als a) durch die Form F dargestellt, indem man $x = m$, $y = n$ setzt; dieselbe Primzahl werde auch dargestellt, indem man $x = m'$, $y = n'$

setzt, so läßt sich beweisen, daß entweder $m^2 = m'^2$, oder $n^2 = n'^2$, in dem besonderen Falle aber, wenn $a = c$, entweder $m^2 = m'^2$ oder $m^2 = n'^2$ und $m'^2 = n^2$ ist.

Beweis. Man hat:

$$1)\quad am^2 + 2bmn + cn^2 = p.$$

$$2)\quad am'^2 + 2bm'n' + cn'^2 = p.$$

Multiplicirt man die erste dieser Gleichungen mit $m'n'$, die zweite mit mn, und subtrahirt, so kommt:

$$3)\quad (amm' - cnn')(mn' - nm') = p(m'n' - mn).$$

Folglich muß das Product auf der linken Seite in der Gleichung 3) durch p theilbar sein.

Man nehme nun zuerst an, daß $mn' - nm'$ durch p theilbar sei.

Werden die beiden Gleichungen 1) und 2) mit a multiplicirt so kommt:

$$4)\quad (am + bn)^2 + Dn^2 = ap,$$

$$5)\quad (am' + bn')^2 + Dn'^2 = ap,$$

wo $D = ac - b^2$ eine positive Zahl ist.

Diese Gleichungen wiederum mit einander multiplicirt, geben:

$$6)\quad [(am + bn)(am' + bn') \pm Dnn']^2$$
$$+ D[n'(am + bn) \mp n(am' + bn')]^2 = a^2p^2.$$

In dieser Gleichung gehören die obern Zeichen zusammen, eben so die untern; sie stellt daher eigentlich zwei verschiedene Gleichungen dar, welche beide immer Statt finden. Hiervon kann man sich auch leicht durch Entwicklung der darin vorkommenden Quadrate überzeugen, welche unmittelbar das Product aus den beiden vorhergehenden Gleichungen giebt.

Wählt man nun die oberen Zeichen, so ist:

$$(am + bn)(am' + bn') + (ac - b^2)nn'$$
$$= [amm' + b(mn' + nm') + cnn']a,$$

und $n'(am + bn) - n(am' + bn') = (n'm - nm')a$; folglich geht die Gleichung 6), nach Aufhebung des gemeinschaftlichen Factors a^2, über in:

$$[amm'+b(mn'+nm')+cnn']^2+D(n'm-nm')^2=p^2.$$

Da nun $n'm-nm'$, nach der Voraussetzung, durch p theilbar ist, so ist diese Zahl entweder gleich Null, oder wenigstens gleich p. In dem letzteren Falle wäre aber Dp^2 größer als p^2, folglich müßte das erste Glied in der vorstehenden Gleichung negativ sein. Dies ist aber nicht möglich, da dieses Glied ein Quadrat ist. Also ist nothwendig

$$mn'-nm'=0, \quad \text{oder} \quad \frac{m}{n}=\frac{m'}{n'}.$$

Nun sind die Zahlen m, n, so wie m', n', relative Primzahlen, wie aus den Gleichungen 1) und 2) zu ersehen, da p eine Primzahl ist; also können die Brüche $\frac{m}{n}$ und $\frac{m'}{n'}$ nicht anders gleich sein, als wenn $m=\pm m'$, $n=\pm n'$.

Es sei nun zweitens $mn'-nm'$ nicht theilbar durch p, so folgt aus 3), daß

$$\frac{am'm-cnn'}{p}=\frac{m'n'-mn}{mn'-nm'}=q$$

eine ganze Zahl sein muß.

Man nehme nun die Gleichung 6) mit den untern Zeichen. Es ist

$$(am+bn)(am'+bn')-Dnn'$$
$$=a(amm'-cnn')+b[a(mn'+nm')+2bnn'],$$

und

$$n'(am+bn)+n(am'+bn')=a(mn'+nm')+2bnn'.$$

Multiplicirt man die Gleichung 4) mit n'^2 und 5) mit n^2, so erhält man durch Subtraction:

$$n'^2(am+bn)^2-n^2(am'+bn')^2=ap(n'^2-n^2);$$

folglich ist entweder:

$$n'(am+bn)+n(am'+bn')=a(mn'+nm')+2bnn',$$

oder

$$n'(am+bn)-n(am'+bn')=a(mn'-nm')$$

durch p theilbar; und da, nach der Voraussetzung, weder a

noch $mn' - nm'$ durch p theilbar ist, so ist es

$$a(mn' + nm') + 2bnn'.$$

Daher werde diese Zahl $= pr$ gesetzt, und es ist r eine ganze Zahl. Da ferner $amm' - cnn' = pq$, so ist:

$a(amm' - cnn') + b[a(mn' + nm') + 2bnn'] = (aq + br)p$; und man erhält daher, indem man diese Werthe in die Gleichung 6), mit den untern Zeichen genommen, substituirt:

$$(aq + br)^2 p^2 + Dp^2 r^2 = a^2 p^2, \text{ oder}$$

$$(aq + br)^2 + Dr^2 = a^2.$$

Hieraus ergiebt sich, wenn man das Quadrat $(aq + br)^2$ entwickelt, und für D seinen Werth $D = ac - b^2$ setzt, auch den gemeinschaftlichen Factor a wegläßt:

$$7) \quad aq^2 + 2bqr + cr^2 = a.$$

Aus dieser Gleichung folgt nun, nach Zusatz 2. des vorigen §., wofern nicht $a = c$, $q^2 = 1$. Also ist

$$q = \frac{m'n' - nm}{n'm - nm'} = +1, \text{ oder } = -1,$$

folglich entweder:

$m'n' - nm = n'm - nm'$, also: $(m' - m)n' = (m - n')n$,

d. h. $(m' - m)(n' + n) = 0$, oder $m'n' - nm = -n'm + nm'$,

d. h. $(m' + m)(n' - n) = 0$.

Es folgt also auch in dieser Voraussetzung, daß entweder $m' = m$, oder $m' = -m$, oder $n' = n$, oder $n' = -n$ sein muß.

Ist $a = c$, und b nicht gleich Null, so kann man in der zuletzt gefundenen Gleichung 7) auch $r^2 = 1$ setzen. In diesem Falle erhält man aus der Gleichung 7)

$$aq^2 + 2bq + a = a,$$

folglich $(aq + 2b)q = 0$. Sollte nun $aq + 2b = 0$ sein, so folgt, da a nicht kleiner als $2b$, daß $q = -1$, $a = 2b$ ist. Da nun auch $a = c$, so erhält man hierdurch eine quadratische Form: $2bx^2 + 2bxy + 2by^2$, welche offenbar keine Primzahlen darstellen kann. Da die gegebene quadratische Form niemals eine solche sein kann, wie die vorstehende, so folgt, daß $q = 0$ gesetzt werden muß. Alsdann ist $q = \frac{a(mm' - nn')}{p}$ gleich Null, folglich $mm' - nn' = 0$, also $\frac{m}{n} = \frac{n'}{m'}$ und $m = \pm n'$, $n = \pm m'$.

Ist $a = c$ und $2b = 0$, so erhält man die Form $ax^2 + ay^2$, in welcher also $a = 1$ sein muß.

Alsdann ist $D = +1$, $m^2 + n^2 = p$, $m'^2 + n'^2 = p$. Die Gleichung 6) ergiebt daher:

$$(mm' \pm nn')^2 + (mn' \mp nm')^2 = p^2.$$

Dagegen giebt die Gleichung 3) in diesem Falle:

$$(mm' - nn')(mn' - nm') = p(m'n' - nm).$$

Also ist entweder $mm' - nn'$ oder $mn' - nm'$ durch p theilbar. Im ersteren Falle folgt, weil

$$(mm' - nn')^2 + (mn' + mm')^2 = p^2,$$

daß $mn' + nm' = 0$; im zweiten Falle muß $mm' + nn' = 0$ sein, weil $(mm' + nn')^2 + (mn' - nm')^2 = p^2$ ist. Also ist entweder $m = \pm m'$, oder auch $m = \pm n'$.

Zusatz. Soll eine Primzahl p durch die reducirte Form $ax^2 + 2bxy + cy^2$ dargestellt werden, so erhält, wie eben bewiesen, eines der Quadrate x^2, y^2 immer nur einen bestimmten Werth, wofern überhaupt die verlangte Darstellung der Zahl p durch F möglich ist. Es sei dies z. B. y^2, welches nur den Werth n^2 erhalten kann. Alsdann hat man: $(ax \pm bn)^2 + Dn^2 = ap$, und $(ax' \pm bn)^2 + Dn^2 = ap$, folglich $(ax \pm bn)^2 = (ax' \pm bn)^2$. Nimmt man in dieser Gleichung die beiden obern, oder die beiden untern Zeichen, so folgt $ax = ax'$, $x = x'$.

Nimmt man aber $ax + bn = ax' - bn$, d. h. überhaupt, giebt man dem n in beiden Ausdrücken ungleiche Zeichen, so folgt:

$$a(x' - x) = 2bn, \text{ oder: } x' = x + \frac{2bn}{a}.$$

Da nun x' eine ganze Zahl sein soll, so muß $\frac{2bn}{a}$ eine solche sein. Aus der Gleichung $ax^2+2bxn+cn^2=p$, welche vorausgesetzt ward, folgt aber, daß a eine relative Primzahl gegen n ist; folglich muß $2b$ durch a theilbar, und, weil $2b$ nicht größer als a, $2b=a$ sein. In diesem Falle erhält man also für x^2 zwei verschiedene Werthe, nemlich x^2 und $(x+n)^2$, während $y^2=n^2$ ist. Dasselbe Resultat ergiebt sich, wenn man $ax \pm bn = -(ax' \pm bn)$ setzt. Mit Berücksichtigung der im Laufe dieses §. erwähnten Ausnahmen kann man also behaupten, daß eine Primzahl sich durch eine quadratische reducirte Form von negativer Determinante nur auf eine Weise darstellen läßt. Ist $a=2b$, so ist immer eine doppelte Darstellung, wenn aber $a=c$, nur eine Vertauschung von x und y möglich.

3. Aufgabe. Die Gleichung $ax^2+2bxy+cy^2=n$ aufzulösen, vorausgesetzt, daß $b^2-ac=-D$ eine negative Zahl ist.

Auflösung. Man multiplicire die Gleichung mit a, so erhält man

$$(ax+by)^2+Dy^2=an.$$

Setzt man: $ax+by=u$, so ist $u^2+Dy^2=an$.

Um nun zunächst die letztere Gleichung aufzulösen, berechne man die Werthe, welche die Zahl $an-Dy^2$ erhält, wenn man y nach und nach gleich 0, 1, 2, 3, etc. setzt. Da die Zahl $u^2=an-Dy^2$ nothwendig positiv ist, so kann y nie größer werden als $\sqrt{\left(\frac{an}{D}\right)}$. Finden sich nun unter den bis zu dieser Grenze vorkommenden ganzen Zahlen eine oder mehrere, welche für y gesetzt, die Zahl $an-Dy^2$ zu einem Quadrate machen, so erhält man eben so viele verschiedene Auflösungen der Gleichung $u^2+Dy^2=an$. Findet sich kein Werth von y, so ist die Gleichung unmöglich.

Hat man nun $u=\alpha$, $y=\beta$ gefunden, so ist hieraus noch der Werth von x zu bestimmen. Nun ist entweder $ax+b\beta=\alpha$, oder $ax+b\beta=-\alpha$, oder $ax-b\beta=\alpha$.

oder $a\alpha - b\beta = -a$, daher

$$x = \pm\left(\frac{a - b\beta}{a}\right), \text{ oder } x = \pm\left(\frac{a + b\beta}{a}\right).$$

Von den hieraus hervorgehenden Werthen von x sind nur die in ganzen Zahlen erscheinenden brauchbar; die gebrochenen dagegen zu verwerfen.

4. Die im vorigen §. gegebene Methode ist in so fern völlig befriedigend, als sie alle möglichen Auflösungen der vorgelegten Gleichung liefert. Allein sobald n eine große Zahl ist, kann die Berechnung aller Werthe von $an - Dy^2$, welche zur Auflösung der Gleichung $u^2 = an - Dy^2$ führt, weitläufig sein. Es ist daher erwünscht, eine Methode zu besitzen, durch welche man die Anzahl der Versuche verringern kann.

Zu dem Ende nehme man eine beliebige Zahl e, und suche die Reste d und n, welche die Zahlen D und N durch e dividirt lassen. Soll nun die Gleichung $u^2 + Dy^2 = N$ gelöst werden, so ist klar, daß man für u und y nur solche Zahlen wählen darf, welche der Bedingung $u^2 + dy^2 \equiv n$, mod. e, genügen. Ist also β eine positive Zahl, kleiner als e und quadratischer Nichtrest von e, so darf man y nicht so wählen, daß $\beta + dy^2 \equiv n$, mod. e, oder $dy^2 \equiv n - \beta$, mod. e. Es sei nun $d\alpha^2 \equiv n - \beta$, mod. e, so darf y nicht von der Form $em \pm \alpha$ sein, wodurch aus der Reihe der für y zu versuchenden Zahlen 0, 1, 2, 3, ... einige ausgeschlossen werden.

Mit Hülfe anderer Zahlen kann man die Ausschließung beliebig fortsetzen.

Wenn man auf diese Weise zur Ausschließung sämmtlicher für y zu setzenden Zahlen gelangt, so ist die Unmöglichkeit der vorgelegten Gleichung bewiesen.

Beispiel. Es soll die Gleichung $u^2 + 13y^2 = 33934$ in ganzen Zahlen gelöst werden. Zuerst sei die ausschließende Zahl $e = 4$, so ist $33934 \equiv 2$, mod. 4, und $13 \equiv 1$, mod. 4, also muß man haben:

$$u^2 + y^2 \equiv 2, \text{ mod. } 4.$$

Nun kann u^2 nicht $\equiv 2$, und nicht $\equiv 3$ sein, mod. 4, daher darf y nicht so beschaffen sein, daß $y^2 \equiv 0$, oder $y^2 \equiv 2-3 \equiv 3$, mod. 4. Die Bedingung $y^2 \equiv 3$ schließt gar keine Form von y aus; dagegen $y^2 \equiv 0$, mod. 4, lehrt, daß man für y keine gerade Zahl setzen darf. Von den 51 Zahlen zwischen 1 und $\sqrt{\left(\frac{33934}{13}\right)}$ sind also alle graden auszuschließen, und es bleiben daher nur noch die folgenden 26, welche Werthe y sein können, nemlich:

1.3.5.7.9.11.13.15.17.19.21.23.25.27.29.31.
33.35.37.39.41.43.45.47.49.51.

Es sei $e=5$, so muß $u^2+3y^2\equiv 4$, mod. 5, sein. Nun ist u^2 nicht $\equiv 2$, und u^2 nicht $\equiv 3$, mod. 5, also sind alle die Werthe von y auszuschließen, für welche

$$2+3y^2\equiv 4,\quad 3+3y^2\equiv 4,\ \text{mod. } 5.$$

Dies giebt:

$$3y^2\equiv 2,\ \text{mod. } 5,\ \text{und}\ 3y^2\equiv 1,\ \text{mod. } 5,$$

also $y^2\equiv 4$, $y^2\equiv 2$, mod. 5.

Da nun y^2 entweder $\equiv 1$, oder $\equiv 4$, mod. 5, so findet man, daß diese Bedingungen nicht Statt finden können, außer wenn $y\equiv +2$ oder $y\equiv -2$, mod. 5, so daß $3y^2\equiv 2$, also $y^2\equiv 4$, mod. 5. Folglich darf y nicht von der Form $5n\pm 2$ sein; und da nur noch ungrade Werthe von y übrig sind, so darf y keine Zahl von der Form $10n+7$, $10n+3$ sein. Hiermit werden die folgenden 10 Zahlen ausgeschlossen: 3, 7, 13, 17, 23, 27, 33, 37, 43, 47. Es sei $e=7$, so muß $u^2+6y^2\equiv 5$ sein, mod. 7. Die quadratischen Nichtreste von 7 sind 3, 5, 6; also darf y keiner der folgenden Bedingungen Genüge thun: $6y^2\equiv 2$, $6y^2\equiv 0$, $6y^2\equiv 6$, mod. 7, welche einerlei sind mit:

$$y^2\equiv 5,\quad y^2\equiv 0,\quad y^2\equiv 1,\ \text{mod. } 7.$$

Die Bedingung $y^2\equiv 5$ giebt nichts; dagegen lehren die beiden andern, daß y nicht von den Formen $7n$, $7n+1$, $7n+6$ sein darf. Folglich werden die Zahlen: 1, 7, 13,

15, 21, 27, 29, 35, 41, 43, 49 ausgeschlossen, unter welchen sich die folgenden 7 befinden, welche bisher noch nicht ausgeschlossen waren: 1, 15, 21, 29, 35, 41, 49.

Es bleiben folglich zum Versuch nur noch die folgenden 9 Zahlen übrig:

5, 9, 11, 19, 25, 31, 39, 45, 51.

Von diesen schließt man durch die Zahl 11 noch die folgenden aus: 9, 11, 31, 45; der Versuch ist daher nur noch mit den folgenden 5 zu machen: 5, 19, 25, 39, 51; wofern man nicht weiter gehen will.

Von diesen Zahlen giebt aber nur 51 eine Auflösung, nemlich:

$$11^2 + 13 . 51^2 = 33934.$$

Zu ausschließenden Zahlen wähle man bloß Primzahlen; oder Potenzen von Primzahlen; da man mit dem Product zweier ungleichen Primzahlen oder ihrer Potenzen nur dieselben Zahlen ausschließt, welche durch die besondere Anwendung der Factoren schon auszuschließen waren.

4. In dem Beispiel des §. 3. konnte man auch auf einem andern Wege zum Ziele gelangen, nemlich durch Ausschließung der unbrauchbaren Werthe von u. Zuerst sind für u nur solche Zahlen brauchbar, welche geben: $u^2 \equiv 33934$, mod. 13, oder: $u^2 \equiv 4$, mod. 13. Folglich darf man für u nur Zahlen von der Form $13n \pm 2$ setzen; also: $13n+2$ und $13n+11$. Ferner muß $u^2 + y^2 \equiv 2$ sein, mod. 4, also u ungrade; folglich sind für u nur die Zahlen von den Formen $26n+11$ und $26n+15$ zu setzen.

Da man nun im Ganzen für u 184 Versuche zu machen hatte, so wird jetzt die Zahl derselben auf $\frac{184}{13} = 14$ beschränkt; nemlich auf die Zahlen:

$26n+11$. 11, 37, 63, 89, 115, 141, 167.

$26n+15$. 15, 41, 67, 93, 119, 145, 171.

Bedient man sich nun der ausschließenden Zahl 5, so erhält man:

$$u^2 + 3y^2 \equiv 4, \text{ mod. } 5;$$

und da y^2 entweder $\equiv 0$, oder $\equiv 4$, mod. 5, so ist $3y^2 \equiv 0$, 3, 2, also $u^2 \equiv 4$, $u^2 \equiv 1$, $u^2 \equiv 2$, mod. 5.

Aus den Bedingungen $u^2 \equiv 1$, $u^2 \equiv 4$ ergiebt sich, daß u nur von einer der Formen $5n \pm 1$, $5n \pm 2$ sein darf; also sind alle diejenigen Zahlen aus den obigen Reihen zu streichen, welche durch 5 theilbar sind.

Es bleiben also noch:

11, 37, 63, 89, 141, 167,
41, 67, 93, 119, 171.

Die ausschließende Zahl 7 giebt: $u^2 + 6y^2 \equiv 5$, mod. 7, oder $u^2 \equiv y^2 + 5$, mod. 7; da nun $y^2 \equiv 0, 1, 2, 7$, mod. 7, so muß $u^2 \equiv 5, 6, 7, 9$, d. h. $u^2 \equiv 0, 2, 5, 6$ sein, mod. 7. Da aber 5 und 6 quadratische Nichtreste von 7 sind, so sind nur die beiden ersten Bedingungen brauchbar, diese geben: $u = 7n$, $u = 7n \pm 3$, oder $u = 7n$, $7n + 3$, $7n + 4$.

Hiernach bleiben nur noch die folgenden Zahlen übrig: 11, 63, 67, 119, 171.

Nimmt man endlich noch die ausschließende Zahl 11, so ist $u^2 + 2y^2 \equiv 10$, mod. 11, und $y^2 \equiv 0, 1, 3, 4, 5, 9$, also $2y^2 \equiv 0, 2, 6, 7, 8, 10$, daher folgt: $u^2 \equiv 0, 2, 3, 4, 8, 10$, mod. 11, von welchen Bedingungen nur die folgenden brauchbar sind: $u^2 \equiv 0, 3, 4$. Diese geben $u = 11n$, $11n \pm 5$, $11n \pm 2$, oder $11n$, $11n + 2$, $11n + 5$, $11n + 6$, $11n + 9$. Läßt man alle andern Formen von u weg, so bleiben noch die Zahlen 11, 119, 171.

Von diesen Zahleu giebt nur die erste, 11, eine Auflösung.

5. Dieselbe Methode läßt sich auch auf die schon früher behandelte Congruenz $x^2 \equiv a$, mod. p (in welcher p eine Primzahl bezeichnen soll), anwenden. Diese Congruenz gilt der Gleichung: $x^2 = a + py$ gleich. Um sie aufzulösen, braucht man für x nur alle Zahlen von 0 bis $\frac{p-1}{2}$ zu versuchen, und man erhält folglich für y eine Grenze, nemlich

$\frac{\left(\frac{p-1}{2}\right)^2 - a}{p}$. Es sei nun e die ausschließende Zahl, und β ein quadratischer Nichtrest von e, kleiner als e. Löst man nun die Gleichung $py + a \equiv \beta$, mod. e, und erhält $y \equiv g$, mod. e, so darf man für y keine Zahl von der Form $en + g$ setzen, weil sonst $x^2 \equiv pg + a \equiv \beta$ sein müßte, was nicht möglich ist, da β quadratischer Nichtrest von e. Auf diese Weise kann man beliebig viele Werthe von y ausschließen, und denjenigen Werth von x finden, welcher positiv und kleiner als $\frac{1}{2} p$ ist, aus dem sich alle möglichen Werthe von x sehr leicht ergeben.

Achter Abschnitt.

Weitere Ausführung der Theorie der Kettenbrüche.

1. Im ersten Abschnitte ist die Theorie der Kettenbrüche so weit behandelt worden, als dieselbe zur Auflösung einer unbestimmten Gleichung des ersten Grades nützlich ist. Da aber diese Theorie bei der Untersuchung der quadratischen Formen von positiver, nicht quadratischer Determinante vielfache Anwendung zuläßt, und da sie, selbst abgesehen von dieser Anwendung, von vorzüglicher Wichtigkeit ist, so soll dieselbe jetzt etwas ausführlicher dargestellt werden. Daher sollen die Sätze und Zeichen des ersten Abschnitts wieder aufgenommen werden.

Es sei $y = a + \cfrac{1}{b + \cfrac{1}{c + \dots \; \dots + \cfrac{1}{n + \cfrac{1}{x}}}}$

ein Kettenbruch, dessen Näherungswerthe nach §. 6. gefunden werden, wenn man die Zähler derselben mit A, die Nenner mit B bezeichnet, und die verschiedenen A und B durch die Zeiger 1, 2, ..., wie: A_1, A_2 ...., B_1, B_2 .... unterscheidet:

$$A_1 = a, \qquad B_1 = 1,$$
$$A_2 = A_1 b + 1, \qquad B_2 = b,$$
$$A_3 = A_2 c + A_1, \qquad B_3 = B_2 c + B_1,$$
$$A_4 = A_3 d + A_2. \qquad B_4 = B_3 d + B_2 \text{ etc.}$$

Man hat zugleich

$$A_2 B_1 - A_1 B_2 = +1,$$
$$A_3 B_2 - A_2 B_3 = -1,$$
$$A_4 B_3 - A_3 B_4 = +1 \text{ etc.}$$

Ferner ist $y = \frac{A_v x + A_{v-1}}{B_v x + B_{v-1}}$, wenn die Anzahl der Glieder, welche den Kettenbruch y bilden, a, $\frac{1}{b}$, $\frac{1}{c}$, $\frac{1}{d}$ .... $\frac{1}{m}$, $\frac{1}{n}$, mit Ausnahme des letzten $\frac{1}{x}$, mit v bezeichnet wird.

Allgemein hat man: $A_v B_{v-1} - A_{v-1} B_v = \pm 1$, und zwar gilt in dieser Gleichung das obere Zeichen, wenn v grade, das untere, wenn v ungrade ist.

Diese Sätze sind alle in den §.§. 3.—7. des ersten Abschnitts bewiesen worden.

2. Es wird nun zuerst gezeigt werden, weshalb den Brüchen $\frac{A}{B}$, $\frac{A_1}{B_1}$, etc. der Name von Näherungswerthen für y zukommt. Dies beruht nicht allein darauf, daß diese Brüche sich dem Werthe von y desto mehr nähern, je mehr Partialbrüche in denselben zusammengefaßt sind, sondern vorzüglich auf dem Umstande, daß kein Bruch $\frac{a}{b}$ dem Totalwerthe y des Kettenbruchs näher kommt, als der Näherungswerth $\frac{A}{B}$, wofern nicht $\frac{a}{b}$ im Zähler und Nenner größere Zahlen enthält, als $\frac{A}{B}$.

Lehrsatz. Die Näherungswerthe $\frac{A}{B}, \frac{A_1}{B_1}, \frac{A_2}{B_2}$, etc. des Kettenbruchs y sind abwechselnd kleiner und größer als der Totalwerth y, aber so, daß jeder folgende um weniger von y verschieden ist, als der vorhergehende.

Beweis. Es seien A, A_1 die Zähler, B, B_1 die Nenner von zwei beliebigen auf einander folgenden Näherungswerthen; auf den letzten derselben folge der Partialbruch $\frac{1}{x}$, in welchem x positiv, größer als 1, übrigens aber ganz unbestimmt ist. Alsdann erhält man den Totalwerth y des Kettenbruchs:

$$y = \frac{A_1 x + A}{B_1 x + B}.$$ (S. §. 6. 7. des ersten Abschnitts.)

Hieraus ergiebt sich:

$$y - \frac{A}{B} = \frac{(A_1 B - A B_1) x}{B(B_1 x + B)} \text{ und}$$

$$y - \frac{A_1}{B_1} = \frac{A B_1 - A_1 B}{B_1 (B_1 x + B)}.$$

Diese Größen, $y - \frac{A}{B}$ und $y - \frac{A_1}{B_1}$, haben zunächst entgegengesetzte Zeichen; denn es ist

$$A_1 B - A B_1 = -(A B_1 - A_1 B) = \pm 1.$$

Ferner ist, wie leicht aus der Entstehung der Nenner B_1, B zu ersehen, B_1 größer als B, folglich $\frac{1}{B}$ größer als $\frac{1}{B_1}$, also $\frac{x}{B}$ um so mehr größer als $\frac{1}{B}$, folglich auch

$$\frac{x}{B(B_1 x + B)} > \frac{1}{B_1 (B x + B)},$$

folglich liegt der Werth y zwischen $\frac{A}{B}$ und $\frac{A_1}{B_1}$ und näher an $\frac{A_1}{B_1}$ als an $\frac{A}{B}$; w. z. b. w.

3. Lehrsatz. Ein beliebiger Näherungswerth $\frac{A}{B}$ des Kettenbruchs y hat die Eigenschaft, daß es keinen Bruch $\frac{a}{b}$ giebt, welcher dem Totalwerth y näher kommt als $\frac{A}{B}$, so lange nicht a größer als A, b größer als B.

Beweis. Soll der Bruch $\frac{a}{b}$ (welcher in den kleinsten Zahlen ausgedrückt zu denken ist) dem Werth von y näher kommen, als $\frac{A}{B}$, so muß derselbe zuvörderst zwischen $\frac{A}{B}$ und den vorhergehenden Näherungswerth $\frac{A^\circ}{B^\circ}$ fallen, d. h. kleiner sein als der eine, und größer als der andere. Nun hat man:

$$AB^\circ - BA^\circ = \pm 1, \text{ also } \frac{A}{B} - \frac{A^\circ}{B^\circ} = \pm \frac{1}{BB^\circ}.$$

Es muß folglich der Unterschied

$$\frac{A^\circ}{B^\circ} - \frac{a}{b} = \frac{A^\circ b - aB^\circ}{bB^\circ}$$

abgesehen vom Zeichen kleiner sein als $\frac{1}{BB^\circ}$. Da nun die Zahl $A^\circ b - aB^\circ$ wenigstens gleich 1 ist, so folgt, daß b größer als B sein muß. Denn wäre b kleiner als B, so folgte: $\frac{1}{B} < \frac{1}{b}$, $\frac{1}{BB^\circ} < \frac{1}{bB^\circ}$, $\frac{1}{BB^\circ} < \frac{A^\circ b - aB^\circ}{BB^\circ}$, abgesehen vom Zeichen der Zahl $A^\circ b - aB^\circ$.

Aus der Gleichung $AB^\circ - BA^\circ = \pm 1$ folgt ferner:

$$\frac{B^\circ}{A^\circ} - \frac{B}{A} = \pm \frac{1}{AA^\circ}.$$

Da nun der Bruch $\frac{a}{b}$ zwischen $\frac{A}{B}$ und $\frac{A^\circ}{B^\circ}$ liegt, so liegt auch $\frac{b}{a}$ zwischen $\frac{B^\circ}{A^\circ}$ und $\frac{B}{A}$. Folglich ist, abgesehen vom Zeichen: $\frac{B^\circ}{A^\circ} - \frac{b}{a} < \frac{1}{AA^\circ}$, also nothwendig a größer A.

Soll also zwischen die beiden aufeinander folgenden Näherungswerthe $\frac{A^\circ}{B^\circ}$ und $\frac{A}{B}$ von y ein Bruch eingeschoben werden, welcher größer ist als der eine, und kleiner als der andere, so muß derselbe im Zähler und Nenner mit größeren Zahlen geschrieben werden, als der zweite Näherungswerth $\frac{A}{B}$, und da $A > A^\circ$, $B > B^\circ$, mit größeren Zahlen, als beide. Da nun der Bruch $\frac{a}{b}$ näher an y kommen soll, als derjenige der beiden Brüchen $\frac{A^\circ}{B^\circ}$ und $\frac{A}{B}$, welcher sich dem Totalwerth y am meisten nähert, d. i. $\frac{A}{B}$, so muß er zwischen $\frac{A}{B}$ und $\frac{A^\circ}{B^\circ}$ fallen, und also $a > A$, $b > B$ sein; w. z. b. w.

4. Aufgabe. Es ist ein positiver Bruch y und ein Näherungswerth $\frac{p}{q}$ desselben (in kleinsten Zahlen) gegeben; man soll den darauf folgenden vollständigen Quotienten x finden.

Auflösung. Es sei

$$\frac{p}{q} = \alpha + \cfrac{1}{\beta + \cfrac{1}{\gamma + \dots}} \quad \dots + \cfrac{1}{\lambda + \cfrac{1}{\mu}}.$$

Soll nun $\frac{p}{q}$ ein Näherungswerth von y sein, so hat man entweder:

$$y = \alpha + \cfrac{1}{\beta + \dots} \quad \dots + \cfrac{1}{\mu + \cfrac{1}{x}} \quad \text{oder} \quad y = \alpha + \cfrac{1}{\beta + \dots} \quad \dots + \cfrac{1}{\mu - 1 + \cfrac{1}{1 + \cfrac{1}{x}}},$$

denn beide Voraussetzungen, und nur diese, geben, nach Weglassung von $\frac{1}{x}$, den Näherungswerth $\frac{p}{q}$.

Bezeichnet man nun den vor $\frac{p}{q}$ vorhergehenden Näherungswerth von $\frac{p}{q}$ mit $\frac{p^\circ}{q^\circ}$, so umfaßt derselbe in der ersten Voraussetzung alle Partialnenner von α bis μ, mit Ausschluß von μ, in der zweiten die Partialnenner von α bis $\mu-1$, mit Einschluß von $\mu-1$. Hat man folglich in der ersten Voraussetzung $pq^\circ - qp^\circ = i$, wo i entweder $=+1$ oder $i=-1$ ist, so ist in der zweiten $pq^\circ - pq^\circ = -i$, weil nach dieser die Anzahl der Partialnenner $\alpha, \beta, \ldots \mu-1$ einen mehr beträgt, als nach der andern.

Ist nun $\frac{p}{q}$ ein Näherungswerth von y, so ist

$$y = \frac{px+p^\circ}{qx+q^\circ}, \text{ also } x = \frac{p^\circ - q^\circ y}{qy-p},$$

und es muß in dieser Gleichung der Werth von $\frac{p^\circ}{q^\circ}$ so gewählt werden können, daß x positiv und größer als 1 wird.

Zusatz. Wofern der vorstehende Ausdruck für x weder in der einen noch der andern der oben in Bezug auf $\frac{p^\circ}{q^\circ}$ gemachten Voraussetzungen positiv und wenigstens gleich 1 ist, kann auch $\frac{p}{q}$ kein Näherungswerth von y sein. Nun erhält man durch eine leichte Rechnung $y - \frac{p}{q} = \frac{-(pq^\circ - qp^\circ)}{q(qx+q^\circ)}$. Aus dieser Gleichung ergiebt sich, welcher Werth von $\frac{p^\circ}{q^\circ}$ zu wählen ist, da die Zeichen auf beiden Seiten gleich sein müssen. Wird hierauf $pq^\circ - qp^\circ = i = \pm 1$ gesetzt, und $y - \frac{p}{q} = \frac{-i\delta}{q^2}$, so ist $\delta = \frac{q}{qx+q^\circ}$, und folglich, wenn $x>1$, $\delta < \frac{q}{q+q^\circ}$.

Umgekehrt ist die Größe $\delta = q^{\circ}y - pq$, positiv genommen, kleiner als $\frac{q}{q+q^{\circ}}$, so ist $q > (q+q^{\circ})\delta$, mithin $\frac{q - q^{\circ}\delta}{q\delta} > 1$, also $x = \frac{q - q^{\circ}\delta}{q\delta} > 1$. Folglich ist $\frac{p}{q}$ ein Näherungswerth von y oder nicht, je nachdem δ nicht größer oder größer ist als $\frac{q}{q+q^{\circ}}$.

Anmerk. Da $q^{\circ} < q$, so ist $\frac{q}{q+q^{\circ}} > \frac{1}{2}$; ist folglich $\delta < \frac{1}{2}$, so ist auch $\delta < \frac{q}{q+q^{\circ}}$. Mithin ist $\frac{p}{p}$ immer ein Näherungswerth von y, sobald $\delta < \frac{1}{2}$.

Beispiel. Es soll entschieden werden, ob der Bruch $\frac{113}{22}$ ein Näherungswerth von $\frac{899}{175}$ ist, oder nicht; ohne daß man alle Näherungswerthe des Bruchs $\frac{899}{175}$ aufstellt. Man findet $\frac{113}{22} = 5 + \cfrac{1}{7 + \cfrac{1}{3}}$, also, wenn man $\frac{899}{175} = y$ setzt, muß y sein entweder gleich

$$5 + \cfrac{1}{7 + \cfrac{1}{3 + \cfrac{1}{x}}} \quad \text{oder } y = 5 + \cfrac{1}{7 + \cfrac{1}{2 + \cfrac{1}{1 + \cfrac{1}{x}}}}.$$

Aus der ersten Annahme erhält man $p = 113$, $q = 22$, $p^{\circ} = 36$, $q^{\circ} = 7$; und mithin $pq^{\circ} - qp^{\circ} = -1$; aus der zweiten $p = 113$, $q = 22$, $p^{\circ} = 77$, $q^{\circ} = 15$, und mithin $pq^{\circ} - qp^{\circ} = +1$. Nun ist $y - \frac{113}{22} = \frac{3}{175 \times 22}$; folglich $\frac{-i\delta}{q^2} = \frac{3}{175 \times 22}$, und weil δ positiv ist, so muß $-i = +1$, oder $i = -1$ sein; also kann nur die erste der beiden obigen Annahmen für y gelten.

Für diese aber ist $q = 22$, $q^\circ = 7$, $\delta = \frac{3 \times 22}{175} = \frac{66}{175}$, und folglich $\delta < \frac{q}{q + q^\circ}$, d. h. $\delta < \frac{22}{29}$. Daher ist $\frac{113}{22}$ ein Näherungswerth von $y = \frac{899}{175}$, und man findet

$$x = \frac{22 \times 175 - 7 \times 66}{22 \times 66} = \frac{7}{3} = 2 + \frac{1}{3}, \text{ also:}$$

$$y = 5 + \cfrac{1}{7 + \cfrac{1}{3 + \cfrac{1}{2 + \cfrac{1}{3}}}} = \frac{899}{175}.$$

Umgekehrte, symmetrische und periodische Kettenbrüche.

5. Die Zähler und Nenner der Näherungswerthe eines Kettenbruchs werden aus den gegebenen Partialnennern $a, b, c, d, \ldots$ nach einem im Vorhergehenden allgemein nachgewiesenen Gesetze gebildet. Man hat nemlich:

$$\begin{aligned} A_1 &= a, & B_1 &= 1, \\ A_2 &= ab + 1, & B_2 &= b, \\ A_3 &= abc + c + a, & B_3 &= bc + 1, \\ A_4 &= abcd + cd + ad + ab + 1, & B_4 &= bcd + d + b. \text{ etc.} \end{aligned}$$

Zur leichtern Uebersicht mögen von jetzt an sämmtliche Partialnenner mit dem Buchstaben a bezeichnet, und derselbe mit einem Index versehen werden, welcher die Stelle des Partialnenners anzeigt. Man setze daher:

$$a_1 = a, \quad a_2 = b, \quad a_3 = c, \quad a_4 = d, \text{ etc.}$$

Es ist also:

$$\begin{aligned} A_1 &= a_1, & B_1 &= 1, \\ A_2 &= a_1 a_2 + 1, & B_2 &= a_2 \text{ etc.} \end{aligned}$$

Allgemein ist:

$$A_n = A_{n-1} a_n + A_{n-2}, \quad B_n = B_{n-1} a_n + B_{n-2}.$$

Durch das Schema $(a_1 a_2 a_3 \ldots . a_n)$ soll ebenfalls der Zähler A_n des Näherungswerths $\frac{A_n}{B_n}$ ausgedrückt, und zugleich die Ordnung bezeichnet werden, nach welcher die Zahlen $a_1 a_2 a_3 \ldots . a_n$ in demselben vorkommen.]

Auf gleiche Weise wird $B_n = (a_2 a_2 a_3 \ldots . a_n)$ gesetzt.

Nun ist

$A_1 = a_1 = (a)$, $\quad B_1 = 1$,

$A_2 = a_1 a_2 + 1 = (a_1 a_2)$, $\quad B_2 = a_2 = (a_2)$,

$A_3 = a_1 a_2 a_3 + a_3 + a_1 = (a_1 a_2 a_3)$, $\quad B_3 = a_2 a_3 + 1 = (a_2 a_3)$

etc. etc.

Da $(a_1 a_2) = a_1 a_2 + 1$, so ist $(a_2 a_1) = a_2 a_1 + 1$; eben so:

$(a_1 a_2 a_3) = a_1 a_2 a_3 + a_3 + a_1$; $(a_3 a_2 a_1) = a_3 a_2 a_1 + a_1 + a_3$.

Man findet also $(a_1) = (a_1)$, $(a_1 a_2) = (a_2 a_1)$, $(a_1 a_2 a_3) = (a_3 a_2 a_1)$; d. h. kehrt man bei der Bildung der Zahlen A_1, A_2, A_3 die Ordnung der Elemente a_1, a_2, a_3, um, so bleiben die Zahlen A_1, A_2, A_3 unverändert. Dasselbe gilt von den Nennern B_1, B_2, B_3.

Diese Induction kann man auf 4, 5 und mehr Elemente ausdehnen. Es läßt sich allgemein beweisen, daß:

$$(a_1 a_2 a_3 \ldots . a_{n-1} a_n) = (a_n a_{n-1} \ldots . a_3 a_2 a_1).$$

Man nehme an, es sei dieser Satz für $n-1$, und weniger Elemente bewiesen. Man weiß also, daß:

$(a_1 a_2 \ldots . a_{n-2}) = (a_{n-2} \ldots . a_2 a_1)$, $(a_2 \ldots . a_{n-1}) = (a_{n-1} \ldots . a_2)$,

$(a_1 a_2 \ldots . a_{n-1}) = (a_{n-1} a_{n-2} \ldots . a_2 a_1)$ etc.

Nun ist $A_n = (a_1 a_2 \ldots a_n) = A_{n-1} a_n + A_{n-2}$, oder

$$(a_1 a_2 \ldots a_n) = (a_1 a_2 \ldots a_{n-1}) a_n + (a_1 a_2 \ldots a_{n-2})$$

oder

$$(a_1 \ldots a_n) = (a_{n-1} \ldots a_1) a_n + (a_{n-2} \ldots a_1).$$

Ferner hat man:

$$(a_{n-1} \ldots a_3 a_2 a_1) = (a_{n-1} \ldots a_2) a_1 + (a_{n-1} \ldots a_3),$$
$$(a_{n-2} \ldots a_3 a_2 a_1) = (a_{n-2} \ldots a_2) a_1 + (a_{n-2} \ldots a_3).$$

Folglich:

$$(a_1 \ldots . a_n) = [(a_{n-1} \ldots . a_2) a_n + (a_{n-2} \ldots . a_2)] a_1 + [(a_{n-1} \ldots . a_3) a_n + (a_{n-2} \ldots . a_3)].$$

Da nun $(a_{n-1} \ldots . a_2) = (a_2 \ldots . a_{n-1})$, $(a_{n-1} \ldots . a_3) = (a_3 \ldots . a_{n-1})$ etc., nach der Voraussetzung; da ferner:

$(a_2 \ldots . a_{n-1}) a_n + (a_2 \ldots . a_{n-2}) = (a_2 \ldots . a_n) = (a_n \ldots . a_2)$,

$(a_3 \ldots . a_{n-1}) a_n + (a_3 \ldots . a_{n-2}) = (a_3 \ldots . a_n) = (a_n \ldots . a_3)$,

so erhält man:

$(a_1 \ldots . a_n) = (a_n \ldots . a_2) a_1 + (a_n \ldots . a_3) = (a_n \ldots . a_2 a_1)$

w. z. b. w.

Für den Nenner $B_n = (a_2 \ldots . a_n)$ findet derselbe Satz und Beweis statt, da die Bildung desselben aus den Elementen $a_2 a_3 \ldots . a_n$ ganz auf dieselbe Weise geschieht, wie die Bildung des Zählers A_n aus den Elementen $a_1 a_2 \ldots . a_n$.

6. Es soll nun eine Vergleichung angestellt werden zwischen dem Werthe $\frac{A_n}{B_n}$ eines Kettenbruchs, welcher aus den Elementen

$$a_1, \quad a_2, \quad a_3 \quad \ldots . \quad a_{n-1}, \quad a_n$$

in der vorstehenden Ordnung gebildet wird, und dem Werthe $\frac{\alpha}{\beta}$ des Kettenbruchs aus den Elementen $a_n, a_{n-1}, \ldots . a_3$, a_2, a_1, welche den vorigen gleich sind, aber in umgekehrter Ordnung stehen.

Man hat:

$$\begin{array}{ll} A_n = (a_1 \ldots . a_n), & B_n = (a_2 \ldots . a_n), \\ \alpha = (a_n \ldots . a_1), & \beta = (a_{n-1} \ldots . a_1), \\ A_{n-1} = (a_1 \ldots . a_{n-1}), & B_{n-1} = (a_2 \ldots . a_{n-1}). \end{array}$$

Man sieht sogleich, daß $\alpha = A_n$, $\beta = A_{n-1}$. Der Werth des umgekehrten Kettenbruchs ist also $\frac{\alpha}{\beta} = \frac{A_n}{A_{n-1}}$.

Man hat demnach:

$$\frac{A_n}{B_n}=a_1+\cfrac{1}{a_2+\cfrac{1}{a_3+\dots+\cfrac{1}{a_{n-1}+\cfrac{1}{a_n}}}} \qquad \frac{A_n}{A_{n-1}}=a_n+\cfrac{1}{a_{n-1}+\cfrac{1}{a_{n-2}+\dots+\cfrac{1}{a_2+\cfrac{1}{a_1}}}}.$$

Hieraus ist zu ersehen, daß, wofern $A_{n-1}=B_n$ sein soll, damit die Werthe beider Kettenbrüche gleich werden, nothwendig die Bedingungen:

$$a_1 = a_n, \quad a_2 = a_{n-1}, \quad a_3 = a_{n-2} \dots \text{ etc.}$$

erfüllen werden müssen. Ein Kettenbruch, welcher diese Bedingungen erfüllt, und in welchem daher die Ordnung der Elemente $a_1, a_2, a_3 \dots$ ohne Veränderung seines Werthes umgekehrt werden kann, heißt symmetrisch.

So ist z. B. $a_1+\cfrac{1}{a_2+\cfrac{1}{a_2+\cfrac{1}{a_1}}}$ ein symmetrischer Kettenbruch. Eben so auch: $a_1+\cfrac{1}{a_2+\cfrac{1}{a_3+\cfrac{1}{a_2+\cfrac{1}{a_1}}}}$.

7. Es giebt Kettenbrüche, welche niemals abbrechen und deren Totalwerth daher auch keine rationale Zahl sein kann. Unter diesen sind vorzüglich diejenigen merkwürdig, in denen eine gewisse Reihe von Partialnennern beständig wiederkehrt. Solche Brüche sind periodisch.

So ist z. B.

$$x=a_1+\cfrac{1}{a_2+\cfrac{1}{a_1+\cfrac{1}{a_2+\cfrac{1}{a_1+\text{ etc. in inf.}}}}}$$

ein periodischer Kettenbruch. Man erhält aus demselben,

wie leicht zu sehen,

$$x = a_1 + \cfrac{1}{a_2 + \cfrac{1}{x}}.$$

Auf ähnliche Weise ist

$$y = a_1 + \cfrac{1}{a_2 + \cfrac{1}{a_3 + a_1 + \cfrac{1}{a_2 + \cfrac{1}{a_3 + a_1 + \cfrac{1}{a_2 + \cfrac{1}{a_3 + a_1}}}}}}$$

ein periodischer Kettenbruch, und

$$y = a_1 + \cfrac{1}{a_2 + \cfrac{1}{a_3 + y}}.$$

Der letztere geht in den vorigen über, sobald $a_3 = 0$. Umgekehrt giebt die Entwicklung von $a_3 + y$ eine Periode von der Art der obigen für x. Man betrachte allgemein den Kettenbruch:

$$x = a_1 + \cfrac{1}{a_2 + \cfrac{1}{a_3 + \ldots \; \ldots + \cfrac{1}{a_n + x}}}.$$

Mit Beibehaltung der bisherigen Bezeichnungen ergiebt sich hieraus

$$x = \frac{A_{n-1}(a_n + x) + A_{n-2}}{B_{n-1}(a_n + x) + A_{n-2}} = \frac{A_{n-1}x + A_n}{B_{n-1}x + B_n}.$$

Hieraus folgt die quadratische Gleichung:

1. $B_{n-1}x^2 + (B_n - A_{n-1})x - A_n = 0.$

Da die Zahlen $a_1, a_2, \ldots A_{n-1}, A_n, B_{n-1}, B_n$, sämmtlich positiv sind, so hat die vorstehende Gleichung eine positive und eine negative Wurzel. Da nun $x = a_1 + \cfrac{1}{a_2 \ldots}$

positiv ist, so ist x nothwendig die positive Wurzel der vorstehenden Gleichung 1.

Es sei nun der umgekehrte Kettenbruch

$$y = a + \cfrac{1}{a_{n-1} + \dots + \cfrac{1}{a_2 + \cfrac{1}{a_1 + y}}},$$

so folgt:

$$y = \frac{(a_n \dots a_2)(a_1 + y) + (a_n \dots a_3)}{(a_{n-1} \dots a_2)(a_1 + y) + (a_{n-1} \dots a_3)}, \text{ oder}$$

$$y = \frac{(a_2 \dots a_n)y + (a_1 \dots a_n)}{(a_2 \dots a_{n-1})y + (a_1 \dots a_{n-1})} = \frac{B_n y + A_n}{B_{n-1} y + A_{n-1}}.$$

Folglich ist

$$2. \quad B_{n-1} y^2 - (B_n - A_{n-1}) y - A_n = 0.$$

Da y positiv ist, so ist es auch die positive Wurzel der Gleichung 2. und folglich die negative Wurzel der Gleichung 1. mit umgekehrtem Zeichen genommen.

Ist der Kettenbruch symmetrisch, so daß $a_1 = a_n$, $a_2 = a_{n-1}$ u. s. f., so folgt: $B_n = A_{n-1}$, also $B_{n-1} x^2 = A_n$.

8. Diese Ergebnisse lassen sich leicht auf den Fall anwenden, wenn $a_n = 0$. Alsdann ist

$$x = a_1 + \cfrac{1}{a_2 + \dots + \cfrac{1}{a_{n-1} + \cfrac{1}{x}}} \quad \text{und } x = \frac{A_{n-1} x + A_{n-2}}{B_{n-1} x + B_{n-2}},$$

$$y = \cfrac{1}{a_{n-1} + \dots + \cfrac{1}{a_2 + \cfrac{1}{a_1 + y}}} \quad \text{und } y = \frac{B_{n-2} y + A_{n-2}}{B_{n-1} y + A_{n-1}},$$

folglich:

$$B_{n-1} x^2 + (B_{n-2} - A_{n-1}) x - A_{n-2} = 0,$$

$$B_{n-1} y^2 - (B_{n-2} - A_{n-1}) y - A_{n-2} = 0.$$

Es sind also x und $-y$ die beiden Wurzeln der Gleichung: $B_{n-1}x^2+(B_{n-2}-A_{n-1})x-A_{n-2}=0$.

Beispiele (§. 7.).

$$x=1+\cfrac{1}{2+\cfrac{1}{3+x}},\quad x=\frac{3(3+x)+1}{2(3+x)+1},\quad 2x^2+4x-10=0;$$

$$x=+\sqrt{6}-1.$$

$$y=3+\cfrac{1}{2+\cfrac{1}{1+y}},\quad y=\frac{7(1+y)+3}{2(1+y)+1},\quad 2y^2-4y-10=0;$$

$$y=+\sqrt{6}+1.$$

§. 8.

$$x=1+\cfrac{1}{2+\cfrac{1}{3+\cfrac{1}{x}}},\quad x=\frac{10x+3}{7x+2},\quad 7x^2-8x-3=0;$$

$$x=\frac{4+\sqrt{37}}{7}.$$

$$y=\cfrac{1}{3+\cfrac{1}{2+\cfrac{1}{1+y}}},\quad y=\frac{2y+3}{7y+10},\quad 7y^2+8y-3=0,$$

$$y=\frac{-4+\sqrt{37}}{7}.$$

Entwickelung der Wurzeln einer quadratischen Gleichung in Kettenbrüche.

9. Es soll zuerst die Methode angegeben werden, nach welcher die Quadratwurzel einer ganzen Zahl in einen Kettenbruch entwickelt wird. Es sei D eine positive Zahl, jedoch kein vollständiges Quadrat, und die größte in $\sqrt{D}$ enthaltene ganze positive Zahl sei a, so ist $\sqrt{D}-a$ eine positiver ächter Bruch, dessen Nenner x positiv und größer als 1 ist, wenn

der Zähler gleich 1 gesetzt wird. Man hat also: $\sqrt{D} = a + \frac{1}{x}$, oder: $x = \frac{1}{\sqrt{D} - a}$.

Multiplicirt man den Ausdruck für x im Zähler und Nenner mit $\sqrt{D} + a$, so kommt, da

$(\sqrt{D} - a)(\sqrt{D} + a) = D - a^2$ ist, $x = \frac{\sqrt{D} + a}{D - a^2}$.

Ist nun a_1 die größte in x enthaltene positive ganze Zahl, so setze man $x = a_1 + \frac{1}{y}$, alsdann ist y positiv und größer als 1.

Die Zahlen x, y etc., aus welchen die Partialnenner des zu entwickelnden Kettenbruchs hervorgehen, sollen mit dem Namen der vollständigen Quotienten (quotiens-complets bei Legendre) bezeichnet werden.

Der erste derselben x ist von der Form $\frac{\sqrt{D} + I}{N}$, in welcher $I = a$, $N = D - a^2$ ganze Zahlen sind. Man setze nun

$$\frac{\sqrt{D} + I}{N} = a_1 + \frac{1}{y}, \text{ also } \frac{1}{y} = \frac{\sqrt{D} + I - a_1 N}{N},$$

$$\text{oder } y = \frac{\sqrt{D} - I + a_1 N}{\sqrt{D} - I + a_1 N} \times \frac{N}{\sqrt{D} + I - a_1 N},$$

wenn man im Zähler und Nenner mit $\sqrt{D} - I + a_1 N$ multiplicirt.

Da nun

$$(\sqrt{D} - I + a_1 N)(\sqrt{D} + I - a_1 N) = D - (I - a_1 N)^2,$$

so folgt:

$$y = \frac{\sqrt{D} + a_1 N - I}{D - (I - a_1 N)^2} . N.$$

Wofern nun $D - I^2$ durch N theilbar ist, wird auch $\frac{D - (I - a_1 N)^2}{N} = N_1$ eine ganze Zahl sein. Für den ersten Quotienten war aber $I = a$, $D - a^2 = N$, also $\frac{D - I^2}{N}$

eine ganze Zahl. Setzt man daher $a_1 N - I = I_1$, und $D - I_1^2 = NN_1$, so ist der vollständige Quotient $y = \frac{\sqrt{D} + I_1}{N_1}$, in welchem I_1 und N_1 ganze Zahlen sind, wie in dem vorhergehenden. Auf gleiche Art ergiebt sich weiter der dritte vollständige Quotient $\frac{\sqrt{D} + I_2}{N_2}$, in welchem I_2 und N_2 wieder ganze Zahlen sind.

Ueberhaupt seien

$$\frac{\sqrt{D} + I}{N}, \quad \frac{\sqrt{D} + I_1}{N_1}$$

zwei auf einander folgende vollständige Quotienten, und a die größte in dem ersten enthaltene ganze Zahl, so hat man:

$$\frac{\sqrt{D} + I}{N} = a + \frac{1}{\frac{\sqrt{D} + I_1}{N_1}},$$

und aus I, N, a werden I_1 und N_1 durch die folgenden Gleichungen bestimmt: $I + I_1 = Na$, $D = I_1^2 + NN_1$. In diesen Formeln sind I_1 und N_1 ganze Zahlen, weil I, N und $\frac{D - I^2}{N}$ es sind. Der Beweis ist ganz wie oben.

Beispiel. Die nächste ganze Zahl unter $\sqrt{21}$ ist 4. Man setze $\sqrt{21} - 4 = \frac{1}{x}$, so kommt $x = \frac{\sqrt{21} + 4}{(\sqrt{21}+4)(\sqrt{21}-4)}$ $= \frac{\sqrt{21} + 4}{5} = 1 + \frac{1}{y}$. Hieraus folgt: $y = \frac{\sqrt{21}+1}{4}$, u. s. w. Man findet die Resultate, tabellarisch zusammengestellt, wie folgt:

	Näherungswerthe von $\sqrt{21}$.
$\sqrt{21} = 5 + \ldots$	4
$\frac{\sqrt{21}+4}{5} = 1 + \ldots$	5
$\frac{\sqrt{21}+1}{4} = 1 + \ldots$	$\frac{9}{2}$

$$\frac{\sqrt{21}+3}{3} = 2+ \ldots \frac{23}{5}$$

$$\frac{\sqrt{21}+3}{4} = 1+ \ldots \frac{32}{7}$$

$$\frac{\sqrt{21}+1}{5} = 1+ \ldots \frac{55}{12}$$

$$\frac{\sqrt{21}+4}{1} = 8+ \ldots \frac{472}{103}$$

$$\frac{\sqrt{21}+4}{5} = 1+ \ldots \frac{527}{115}.$$

etc. etc.

Diese Methode der Ausziehung der Quadratwurzeln ist äußerst leicht, und führt oft sehr schnell zu einer großen Annäherung an die gesuchte Wurzel. Mehrere Beispiele finden sich unter Anderen bei Meyer Hirsch, Sammlung algebraischer Aufgaben, unter der Ueberschrift: Continuirliche Brüche.

10. Es sei $ax^2+bx+c=0$ eine quadratische Gleichung, deren Coefficienten a, b, c ganze Zahlen sind, unter welchen a immer auch positiv angenommen wird, und welche reelle Wurzeln hat. Setzt man $\frac{1}{4}b^2-ac=D$, so sind die beiden Wurzeln der Gleichung:

$$\frac{+\sqrt{D}-\frac{1}{2}b}{a} \text{ und } \frac{-\sqrt{D}-\frac{1}{2}b}{a}.$$

Jede dieser Wurzeln läßt sich mit derselben Leichtigkeit in einen Kettenbruch entwickeln, welche die Entwickelung von $\sqrt{D}$ im vorigen §. darbot.

Die Gleichung sei z. B. $3x^2+5x-1=0$. Ihre Wurzeln sind:

$$\frac{\frac{1}{2}\sqrt{37}-\frac{5}{2}}{3} \text{ und } \frac{-\frac{1}{2}\sqrt{37}-\frac{5}{2}}{3}.$$

Man erhält für die erste dieser Wurzeln:

$$\frac{\frac{1}{2}\sqrt{37}-\frac{5}{2}}{3} = +\frac{\sqrt{37}-5}{6} = \frac{2}{\sqrt{37}+5}.$$

$$\frac{\sqrt{37}+5}{2}=5+ \quad \text{Also:}\ \frac{\sqrt{\frac{37}{4}}-\frac{5}{2}}{3}=\cfrac{1}{5+\cfrac{1}{1+\cfrac{1}{1+\cfrac{1}{5+\cfrac{1}{\frac{\sqrt{37}+5}{6}}}}}}.$$

$$\frac{\sqrt{37}+5}{6}=1+$$

$$\frac{\sqrt{37}+1}{6}=1+$$

$$\frac{\sqrt{37}+5}{2}=5+$$

etc.

(Näherungswerthe: $\frac{0}{1} \cdot \frac{1}{5} \cdot \frac{1}{6} \cdot \frac{2}{11} \cdot \frac{11}{61}$ etc.)

Für die zweite Wurzel ergiebt sich

$$\frac{\sqrt{37}+5}{6}=1+\cfrac{1}{1+\cfrac{1}{5+\cfrac{1}{\frac{\sqrt{37}+5}{6}}}}.$$

Auch in diesem Falle sind die vollständigen Quotienten, welche sich bei der Entwickelung der Wurzeln ergeben, von der Form: $\frac{\sqrt{D}+I}{N}$, in welcher Form N eine ganze Zahl ist, die Zahl I jedoch den Nenner 2 hat, wenn b ungrade ist, wie sich sogleich ergeben wird. Im Uebrigen finden die Resultate des §. 9. auch hier Anwendung.

Es sei nun $\frac{p}{q}$ ein Näherungswerth der Wurzel $\frac{\sqrt{D}-\frac{1}{2}b}{a}$ auf welchen der vollständige Quotient $Q=\frac{\sqrt{D}+I}{N}$ folgt. Der vor $\frac{p}{q}$ vorhergehende Näherungswerth werde mit $\frac{p^0}{q^0}$ bezeichnet. Alsdann ist:

$$\frac{\sqrt{D}-\frac{1}{2}b}{a}=\frac{pQ+p^\circ}{qQ+q^\circ}$$

und $pq^\circ - qp^\circ = +1$ oder $= -1$.

Setzt man für Q seinen Werth $\frac{\sqrt{D}+I}{N}$ so folgt:

$$\frac{\sqrt{D}-\frac{1}{2}b}{a}=\frac{p\sqrt{D}+pI+p^\circ N}{q\sqrt{D}+pI+q^\circ N},$$

oder, wenn man die Nenner wegschafft,

$$qD-\tfrac{1}{2}b(qI+q^\circ N)+(qI+q^\circ N-\tfrac{1}{2}bq)\sqrt{D}$$
$$= a(pI+p^\circ N)+ap\sqrt{D}, \text{ oder}$$
$$qD-\tfrac{1}{2}b(qI+q^\circ N)-a(pI+p^\circ N)=\sqrt{D}(ap+\tfrac{1}{2}bq-qI-q^\circ N).$$

Wofern nun, wie vorausgesetzt wird, $\sqrt{D}$ keine rationale Zahl ist, so kann die vorliegende Gleichung, in welcher, mit Ausnahme von $\sqrt{D}$, lauter rationale Zahlen vorkommen, nur dann bestehen, wenn jedes ihrer Glieder links und rechts gleich Null ist. Denn wäre dies nicht der Fall, so würde die irrationale Zahl $\sqrt{D}$ aus der obigen Gleichung einen bestimmten rationalen Werth erhalten, was ein Widerspruch ist. Also findet man:

$$1)\quad qI+q^\circ N = ap+\tfrac{1}{2}bq.$$
$$a(pI+p^\circ N) = qD-\tfrac{1}{2}b(qI+q^\circ D).$$

Die zweite dieser Gleichungen giebt, mit Hülfe der ersten:

$$a(pI+p^\circ N) = qD-\tfrac{1}{2}b(ap+\tfrac{1}{2}bq),$$

oder, da $D=\frac{1}{4}b^2-ac$,

$$2)\quad pI+p^\circ N = -(cq+\tfrac{1}{2}bp).$$

Eliminirt man I aus den Gleichungen 1) und 2), indem man die erste mit p, die zweite mit $-q$ multiplicirt, und die Producte addirt, so findet sich:

$$3)\quad (pq^\circ - qp^\circ)N = ap^2+bpq+cq^2.$$

Eliminirt man N, indem man die erste Gleichung mit p°, die zweite mit $-q^\circ$ multiplicirt, und die Producte addirt, so ergiebt sich:

$$4)\quad (p^\circ q - pq^\circ)I = app^\circ+\tfrac{1}{2}b(p^\circ q+q^\circ p)+cqq^\circ.$$

Die Gleichung 3) lehrt, weil $pq^\circ - qp^\circ = \pm 1$, daß N immer eine ganze Zahl ist. Da ferner $p^\circ q + pq^\circ = 2pq^\circ \mp 1$ immer ungrade ist, so lehrt die Gleichung 4) daß I eine ganze Zahl ist, wenn b grade, und folglich $D = \frac{1}{4}b^2 - ac$ eine ganze Zahl ist; dagegen wird I den Divisor 2 enthalten, wenn b ungrade, und folglich D den Divisor 4 enthält.

Beispiel. Die Entwickelung der Wurzel $\frac{\sqrt{\frac{37}{4}} - \frac{5}{2}}{3}$ der Gleichung

$$3x^2 + 5x - 1 = 0$$

giebt:

$$\begin{aligned}(pq^\circ - qp^\circ)D &= ap^2 + bpq + cq^2,\\ (1.1 - 5.0)3 &= 3.1^2 + 5.1.5 - 1.5^2,\\ (1.5 - 6.1)3 &= 3.1^2 + 5.1.6 - 1.6^2,\\ (2.6 - 1.11)1 &= 3.2^2 + 5.2.11 - 1.11^2,\\ \text{etc.} & \quad \text{etc.}\end{aligned}$$

$$\begin{aligned}(qp^\circ - pq^\circ)I &= app^\circ + \tfrac{1}{2}b(pq^\circ + qp^\circ) + cqq^\circ,\\ (5.0 - 1.1)\tfrac{1}{2} &= 3.1.0 + \tfrac{1}{2}5(0.5 + 1.1) - 1.1.\,5,\\ (6.1 - 1.5)\tfrac{1}{2} &= 3.1.1 + \tfrac{1}{2}5(6.1 + 1.5) - 1.5.\,6,\\ (1.11 - 6.2)\tfrac{1}{2} &= 3.1.2 + \tfrac{1}{2}5(1.11 + 6.2) - 1.6.11.\\ \text{etc.} & \quad \text{etc.}\end{aligned}$$

Bei Entwickelung der $\sqrt{21}$, oder der positiven Wurzel der Gleichung $x^2 - 21$ finden sich folgende Relationen, welche den obigen Gleichungen 3) und 4) entsprechen.

$$\begin{aligned}4^2 - 21 &= -5, & 4.\ 1 - 21.\ 1.0 &= +4,\\ 5^2 - 21 &= +4, & 5.\ 4 - 21.\ 1.1 &= -1,\\ 9^2 - 21.\ 2^2 &= -3, & 9.\ 5 - 21.\ 1.2 &= +3.\\ 23^2 - 21.\ 5^2 &= +4, & 23.\ 9 - 21.\ 5.2 &= -3,\\ 32^2 - 21.\ 7^2 &= -5, & 23.32 - 21.\ 7.5 &= +1,\\ 55^2 - 21.12^2 &= +1. & 55.32 - 21.12.7 &= -4.\\ \text{etc.} & & \text{etc.} &\end{aligned}$$

11. Entwickelt man die positive Zahl $x = \frac{\sqrt{D} - \frac{1}{2}b}{a}$ in einem Kettenbruch, so läßt sich beweisen, daß von einer gewissen Grenze an in dem vollständigen Quotienten $\frac{\sqrt{D}+I}{N}$ die Zahlen I und N immer positiv sind.

Setzt man der Kürze wegen $pq^0 - qp^0 = i$, so ist bekannt, daß $i = +1$, oder $= -1$; da ferner $\frac{p}{q}$, $\frac{p^0}{q^0}$ zwei Näherungswerthe von x sind, zwischen welchen x liegt, so ist $\frac{p}{q} - \frac{p^0}{q^0} = +\frac{1}{qq^0}$, oder $i = +1$, sobald $\frac{p}{q}$ größer als x, dagegen $i = -1$, wenn $\frac{p^0}{q^0}$ größer als x, und daher $\frac{p}{q}$ kleiner als x ist.

Nun sei 1) $i = +1$, $\frac{p}{q} > x$. Es war gefunden:

$$iN = ap^2 + bpq + cq^2.$$

Multiplicirt man diese Gleichung mit der Zahl a, welche nach der Voraussetzung (§. 10.) positiv ist, so kommt:

$$iaN = (ap + \tfrac{1}{2}bq)^2 - Dq^2, \text{ oder:}$$

$$\frac{iaN}{qq} = \left(\frac{ap}{q} + \tfrac{1}{2}b\right)^2 - D.$$

Da nun $\frac{p}{q} > x$, so kann, wenn v eine positive Größe bezeichnet,

$$\frac{p}{q} = x + \frac{v}{a} = \frac{\sqrt{D} - \frac{1}{2}b}{a} + \frac{v}{a},$$

gesetzt werden, oder:

$$\frac{ap}{q} + \tfrac{1}{2}b = \sqrt{D} + v.$$

Es ergiebt sich: $\frac{iaN}{qq} = (\sqrt{D} + v)^2 - D$, welche Zahl offenbar positiv ist.

Da nun auch $i=+1$, so folgt, daß $\frac{aN}{qq}$ und mithin N positiv ist.

Ist ferner $i=-1$. und bedeutet v wiederum eine positive Größe, so erhält man $\frac{ap}{p}=\sqrt{D}-\frac{1}{2}b-v$, folglich: $\frac{iaN}{qq}=(\sqrt{D}-v)^2-D$; folglich ist $\frac{iaN}{qq}$ negativ, sobald $(\sqrt{D}-v)^2-D=(-2\sqrt{D}+v)v$ negativ, also v kleiner als $2\sqrt{D}$ ist.* Hat $\frac{p}{q}$ also diese Grenze der Annäherung an x erreicht, was sogleich im Anfange der Entwickelung geschieht, so ist $\frac{iaN}{qq}$ negativ, und, weil $i=-1$, N positiv.

Da nun N von einer gewissen Grenze an immer positiv ist, so läßt sich auch schließen, daß es von dieser Grenze an eine bestimmte Größe nicht mehr übertreffen kann. Denn erstens ist klar, daß N nie gleich Null sein wird, weil sonst die Gleichung $ax^2+bx+c=0$ eine rationale Wurzel $\frac{p}{q}$ haben müßte.

Sind nun $\frac{\sqrt{D}+I}{N}$ und $\frac{\sqrt{D}+I_1}{N_1}$ zwei auf einander folgende vollständige Quotienten, und die in dem ersten enthaltene positive ganze Zahl α, so ist:

$$I+I_1=N\alpha,\quad D=I_1^2+NN_1$$

Es sei ferner $\frac{\sqrt{D}+I_0}{N_0}$ der vor $\frac{\sqrt{D}+I}{N}$ vorhergehende vollständige Quotient, und in demselben N_0 ebenfalls positiv; man hat noch $D=I^2+NN_0$. Sobald also N_0, N, N_1, positiv sind, so müssen, da $I_1^2=D-NN_1$, $I^2=D-NN_0$, nothwendig positive Zahlen sind, I und I_1, abgesehen vom Zeichen, jede einzeln, kleiner als $\sqrt{D}$, und folglich muß $N=\frac{I+I_1}{\alpha}$ kleiner als $2\sqrt{D}$ sein.

12. Auch die Zahl I muß von einer bestimmten Grenze an immer positiv sein. Es war gefunden:

$$-iI = app^\circ + \tfrac{1}{2}b(pq^\circ + qp^\circ) + cqq^\circ;$$

oder durch Multiplication mit a,

$$\frac{-iaI}{qq^\circ} = \left(\frac{ap}{q} + \tfrac{1}{2}b\right)\left(a\frac{p^\circ}{q^\circ} + \tfrac{1}{2}b\right) - D.$$

Nun sei 1) $i = +1$, so ist $\frac{p}{q} > x$, $\frac{p^\circ}{q^\circ} < x$. Werden also mit v und w zwei positive Größen bezeichnet, und

$$\frac{p}{q} = x + \frac{v}{a},\ \frac{p^\circ}{q^\circ} = x - \frac{w}{a}$$

gesetzt, so folgt zunächst, da der Näherungswerth $\frac{p}{q}$ um weniger von x verschieden ist, als der vorhergehende $\frac{p^\circ}{q^\circ}$, daß $v < w$.

Es findet sich also:

$$\frac{ap}{q} + \tfrac{1}{2}b = \sqrt{D} + v,\ \frac{ap^\circ}{q^\circ} + \tfrac{1}{2}b = \sqrt{D} - w,$$

folglich:

$$\frac{-iaI}{qq^\circ} = (\sqrt{D} + v)(\sqrt{D} - w) - D, \text{ oder}$$

$$\frac{-iaI}{qq^\circ} = (v - w)\sqrt{D} - vw.$$

Da $v - w$ eine negative Größe ist, und $-vw$ ebenfalls, so ist $\frac{-iaI}{qq^\circ}$ negativ, und weil $i = +1$, $\frac{aI}{qq^\circ}$, mithin I, positiv.

Ist 2) $i = -1$, so findet sich

$$\frac{p}{q} = x - \frac{v}{a},\ \frac{p^\circ}{q^\circ} = x + \frac{w}{a},$$

und wiederum $v < w$; also:

$$\frac{aI}{qq^\circ} = (\sqrt{D} - v)(\sqrt{D} + w) - D,$$

$$\frac{aI}{qq^\circ} = (w - v)\sqrt{D} - wv.$$

Diese Größe ist positiv, sobald $(w-v)\sqrt{D} > wv$, oder $\sqrt{D} > \frac{wv}{w-v}$, d. h. $\sqrt{D} > \frac{1}{\frac{1}{v}-\frac{1}{w}}$ ist.

Nun hat man, nach früheren Sätzen:

$$x-\frac{p}{q} = \frac{v}{a} = \frac{1}{q(qy+q^{\circ})},$$

in welcher Formel y positiv und größer als 1; desgleichen:

$$\frac{p^{\circ}}{q^{\circ}}-x = \frac{w}{a} = \frac{y}{q^{\circ}(qy+q^{\circ})};$$

folglich ist $\frac{a}{v}=q(qy+q^{\circ})$ und $\frac{a}{w}=\frac{q^{\circ}}{y}(qy+q^{\circ})$; es muß also $\frac{\sqrt{D}}{a} > \frac{1}{(qy+q^{\circ})\left(q-\frac{q^{\circ}}{y}\right)}$ sein. Da $y>1$, $q>q^{\circ}$, so ist $q-\frac{q^{\circ}}{y}>1$; ferner $qy+q^{\circ}>q+q^{\circ}$, folglich $(qy+q^{\circ})\left(q-\frac{q^{\circ}}{y}\right)>q+q^{\circ}$. Daher ist die obige Bedingung erfüllt, sobald $\frac{\sqrt{D}}{a} > \frac{1}{q+q^{\circ}}$.

Von dieser Grenze an ist I immer positiv.

Da nun I und N positiv, N kleiner als $2\sqrt{D}$, I kleiner als $\sqrt{D}$, so sind nur eine endliche Anzahl von Werthen für I und N in den vollständigen Quotienten $\frac{\sqrt{D}+I}{N}$ möglich. Da aber solcher vollständiger Quotienten unendlich viele sind, so müssen dieselben I und N in der Reihe der vollständigen Quotienten unendlich oft zusammentreffen, und mithin die vollständigen Quotienten sowohl, als die aus denselben hervorgehenden Partialnenner des Kettenbruchs sich periodisch wiederholen.

Dieselben Bemerkungen gelten auch von der zweiten Wurzel der Gleichung

$$ax^2+bx+c=0,$$

nemlich $x = \frac{-\sqrt{D} - \frac{1}{2}b}{a}$. Ist sie negativ, so entwickelt man $-x = +\frac{\sqrt{D} + \frac{1}{2}b}{a}$ in einen Kettenbruch. Ist die Wurzel x positiv, so ist es leicht, ihr eine solche Gestalt zu geben, daß $\sqrt{D}$ positives Zeichen hat. In diesem Falle muß nemlich $\frac{1}{2}b$ negativ und größer als $\sqrt{D}$ sein. Schreibt man daher statt $-\frac{1}{2}b$ vielmehr $+\frac{1}{2}b$, so wird $x = \frac{\frac{1}{2}b - \sqrt{D}}{a}$, eine Wurzel der Gleichung $ax^2 - bx + c = 0$.

Multiplicirt man im Zähler und Nenner mit $\frac{1}{2}b + \sqrt{D}$, so kommt:

$$x = \frac{\frac{1}{4}b^2 - D}{a(\sqrt{D} + \frac{1}{2}b)},$$

oder, weil $\frac{\frac{1}{4}b^2 - D}{a} = c$,

$$x = \frac{c}{\sqrt{D} + \frac{1}{2}b}; \quad \frac{1}{x} = \frac{\sqrt{D} + \frac{1}{2}b}{c}.$$

Man braucht also nur den Ausdruck $\frac{\sqrt{D} + \frac{1}{2}b}{c}$, in welchem c positiv ist, nach den bekannten Regeln zu entwickeln.

Es ist daher die Entwickelung beider Wurzeln nothwendig periodisch.

13. Lehrsatz. Es stellen $\frac{\sqrt{D} + I_0}{N_0}$, $\frac{\sqrt{D} + I}{N}$, $\frac{\sqrt{D} + I_1}{N_1}$ drei auf einander folgende vollständige Quotienten aus der Periode des Kettenbruchs für $\frac{\sqrt{D} - \frac{1}{2}b}{a}$ vor, denen die Partialnenner des Kettenbruchs: α_0, α, α_1 nach der Ordnung zugehören. Es wird behauptet, daß die größte in dem Ausdrucke: $\frac{\sqrt{D} + I_1}{N}$ enthaltene ganze Zahl gleich α, d. h. der in $\frac{\sqrt{D} + I}{N}$ enthaltenen gleich sei.

Beweis. Man hat $\frac{\sqrt{D}+I}{N} = a + \frac{1}{\frac{\sqrt{D}+I_1}{N_1}}$ und $I+I_1 = Na$, $D = I^2 + NN_0$.

Hieraus ergiebt sich, daß auch folgende Gleichung richtig ist:

$$A)\quad \frac{\sqrt{D}+I_1}{N} = a + \frac{1}{\frac{\sqrt{D}+I}{N_0}}.$$

Entwickelt man nemlich diese Gleichung, so folgt zunächst:

$$\frac{\sqrt{D}+I_1}{N} = a + \frac{N_0}{\sqrt{D}+I},$$

und nach Wegschaffung der Nenner:

$$D + II_1 + (I+I_1)\sqrt{D} = aN\sqrt{D} + aNI + NN_0.$$

Da nun

$I + I_1 = aN$, und $D = I(aN - I_1) + NN_0$, oder

$$D + II_1 = aIN + NN_0,$$

so folgt die Richtigkeit der aufgestellten Gleichung.

Weil I und N_0 positiv sind, so folgt aus der vorstehenden Gleichung A) daß

$$1)\quad \frac{\sqrt{D}+I_0}{N} > a.$$

Nun sei der vor $\frac{\sqrt{D}+I_0}{N_0}$ vorhergehende vollständige Quotient: $\frac{\sqrt{D}+I_{-1}}{N_{-1}}$, so ist immer N_{-1} positiv *).

Da nun auf gleiche Weise, wie vorhin in der Gleichung A)

$$\frac{\sqrt{D}+I}{N_0} = a_0 + \frac{1}{\frac{\sqrt{D}+I_0}{N_{-1}}},$$

und da I_0 und N_{-1} positiv sind, so folgt, daß $\frac{\sqrt{D}+I}{N_0} > a_0$.

*) Da in der Gleichung $D = I_0^2 + N^0 N_{-1}$ I^0 nach der Voraussetzung kleiner als $\sqrt{D}$ ist, indem $\frac{\sqrt{D}+I^0}{N^0}$ zur Periode gehört, so folgt, daß $N^0 N_{-1}$ und mithin auch N_{-1} positiv ist (11.).

Daher ist $\frac{1}{\frac{\sqrt{D}+I}{N_0}}$ positiv und ein ächter Bruch, oder kleiner als 1, und folglich

$$2)\quad \frac{\sqrt{D}+I_1}{N} < \alpha + 1.$$

Daher ist α zugleich die größte in $\frac{\sqrt{D}+I_1}{N}$ und in $\frac{\sqrt{D}+I}{N}$ enthaltne ganze Zahl; w. z. b. w.

Beispiel. Man nehme den in §. 9. entwickelten Kettenbruch für $\sqrt{21}$.

Die größte in $\frac{\sqrt{21}+4}{5}$ enthaltene ganze Zahl ist 1; nimmt man aber statt $I = 4$ das folgende $I_1 = 1$, so entsteht $\frac{\sqrt{D}+I_1}{N} = \frac{\sqrt{21}+1}{5}$, und die größte in diesem enthaltene ganze Zahl ist ebenfalls gleich 1.

Eben so ist (in §. 10.) die größte in $\frac{\sqrt{37}+5}{5}$, enthaltene ganze Zahl gleich der in $\frac{\sqrt{37}+5}{6}$ enthaltenen; denn beide sind gleich 1.

14. Es stelle wie bisher $\frac{\sqrt{D}+I}{N}$ einen der wiederkehrenden vollständigen Quotienten vor, und zwar kann man sich denselben vom Anfang der Periode immer entfernt genug denken, so daß eine beliebige Anzahl vorhergehender Quotienten: $\frac{\sqrt{D}+I_0}{N_0}$, $\frac{\sqrt{D}+I_{-1}}{N_{-1}}$ etc. ebenfalls schon zur Periode gehören. Die Glieder dieser Periode seien α, α_1, $\alpha_2 \ldots . \alpha_{-1}$; α_0, α, u. s. f., so daß

$$y=\frac{\sqrt{D}+I}{N}=\alpha+\cfrac{1}{\alpha_1+\cfrac{1}{\alpha_2+\ldots\cfrac{}{\ldots+\cfrac{1}{\alpha_0+\cfrac{1}{y}}}}}\,{}^{*)}.$$

Es seien ferner $\frac{p^\circ}{q^\circ}$, $\frac{p}{q}$ die beiden zunächst vor dem vollständigen Quotienten $\frac{\sqrt{D}+I}{N}$ vorhergehenden Näherungswerthe jener Wurzel x. Substituirt man in die quadratische Gleichung:

$$1)\quad ax^2+bx+c=0$$

für x den Ausdruck $x=\frac{py+p^\circ}{qy+q^\circ}$, so geht die Gleichung in die folgende über

$$(pq^\circ-qp^\circ)[Ny^2-2Iy-N_0]=0,$$

oder

$$2)\quad Ny^2-2Iy-N_0=0.$$

Diese Gleichung ergiebt sich leicht aus den Gleichungen 3) und 4) in §. 10.

Man hat nemlich:

$$a(py+p^\circ)^2+b(py+p^\circ)(qy+q^\circ)+c(qy+q^\circ)^2=0;$$

folglich:

$$(ap^2+bpq+cq^2)y^2+(2app^\circ+bpq^\circ+bqp^\circ+2cqq^\circ)y$$
$$+ap^{\circ 2}+2bp^\circ q^\circ+cq^{\circ 2}=0.$$

Nun ist

$$ap^2+bpq+cq^2=(pq^\circ-qp^\circ)N,$$
$$app^\circ+\tfrac{1}{2}b(pq^\circ+qp^\circ)+cqq^\circ=(p^\circ q-q^\circ p)I,$$
$$ap^{\circ 2}+bp^\circ q^\circ+cq^{\circ 2}=(p^\circ q^{\circ\circ}-q^\circ p^{\circ\circ})N_0=-(p^\circ q-qp^\circ)N_0.$$

---

*) Der letzte Nenner könnte auch $n+y$ sein, wenn man mit n eine ganze positive ganze Zahl bezeichnet. Vergl. §. 7. Man kann jedoch diesen Fall bei Seite setzen, indem man statt y den vollständigen Quotienten $n+y$ wählt.

Die dritte dieser Gleichungen ergiebt sich aus der ersten, wenn man in dieser für p, q, N die entsprechenden Zahlen q°, p°, N_0 setzt, und bemerkt, daß die beiden Differenzen $pq^\circ - qp^\circ$ und $p^\circ q^{\circ\circ} - q^\circ p^{\circ\circ}$, in deren letzter $\frac{p^{\circ\circ}}{q^{\circ\circ}}$ den vor $\frac{p^\circ}{q^\circ}$ vorhergehenden Näherungswerth die Wurzel anzeigt, entgegengesetzte Zeichen haben.

Die beiden Wurzeln der Gleichung:

$$Ny^2 - 2Iy - N_0 = 0$$

sind $y = \frac{\sqrt{D}+I}{N}$, $y' = \frac{-\sqrt{D}+I}{N}$.

Da N und N_0 positiv sind, so lehrt das Zeichen von N_0, in der obigen Gleichung, daß die Wurzel y' negativ ist. Dies folgt auch schon aus der Voraussetzung, daß I kleiner ist, als $\sqrt{D}$. Daher ist:

$$-y' = \frac{\sqrt{D}-I}{N} = \frac{D-I^2}{N(\sqrt{D}+I)} = \frac{N_0}{\sqrt{D}+I}$$

positiv. Setzt man $-y' = \frac{1}{z}$, so ist $z = \frac{\sqrt{D}+I}{N_0}$.

Nun ist

$$\frac{\sqrt{D}+I}{N} = \alpha + \cfrac{1}{\cfrac{\sqrt{D}+I_1}{N_1}} \text{ und } \frac{\sqrt{D}+I}{N_0} = \alpha_0 + \cfrac{1}{\cfrac{\sqrt{D}+I_0}{N_{-1}}} \text{ (§. 13.)}$$

$$\frac{\sqrt{D}+I_1}{N_1} = \alpha_1 + \cfrac{1}{\cfrac{\sqrt{D}+I_2}{N_2}} \text{ etc. } \frac{\sqrt{D}+I_0}{N_{-1}} = \alpha_{-1} + \cfrac{1}{\cfrac{\sqrt{D}+I_{-1}}{N_{-2}}} \text{ etc.}$$

Folglich, während in der Entwickelung von $\frac{\sqrt{D}+I}{N}$ die periodischen Elemente I, N, α in der folgenden Ordnung stehen:

$$\begin{array}{l} I\ I_1\ I_2\ \ldots\ I_{-1}\ I_0\ I\ I_1\ I_2\ \ldots \\ N\ N_1\ N_2\ \ldots\ N_{-1}\ N_0\ N\ N_1\ N_2\ \ldots \\ \alpha\ \alpha_1\ \alpha_2\ \ldots\ \alpha_{-1}\ \alpha_0\ \alpha\ \alpha_1\ \alpha_2\ \ldots \end{array}$$

so stehen dieselben Elemente in der Entwickelung von $\frac{\sqrt{D}+I}{N_0}$

in der folgenden periodischen Ordnung:

$$\begin{array}{cccccccccc} I & I_0 & I_{-1} \dots\dots & I_2 & I_1 & I & I_0 & I_{-1} & \text{etc.} \\ N_0 & N_{-1} & N_{-2} \dots\dots & N_1 & N & N_0 & N_{-1} & N_{-2} & \text{etc.} \\ a_0 & a_{-1} & a_{-2} \dots\dots & a_1 & a & a_0 & a_{-1} & a_{-2} & \text{etc.} \end{array}$$

welche die umgekehrte der vorigen ist.

Nun ist $x = \frac{py + p^0}{qy + q^0}$ eine Wurzel der Gleichung 1). Die zweite Wurzel x' dieser Gleichung findet man, wenn man in diesem Ausdrucke die zweite Wurzel y' der Gleichung 2) an die Stelle von y setzt. Es ergiebt sich

$$x' = \frac{py' + p^0}{qy' + q^0}.$$

Setzt man $y' = -\frac{1}{z}$, so kommt: $x' = \frac{p^0 z - p}{q^0 z - q}$, in welcher Gleichung $z = \frac{\sqrt{D} + I}{N_0}$ ist.

Man denke sich nun den Kettenbruch für z entwickelt; es seien $\frac{\gamma^0}{\beta^0}$, $\frac{\gamma}{\beta}$ zwei auf einander folgende Näherungswerthe von z, und der nächst folgende vollständige Quotient z'. Weil $z = \frac{\sqrt{D} + I}{N_0}$ schon ein wiederkehrender Quotient ist, so kann man auch $z = z'$ setzen, wenn man unter $\frac{\gamma}{\beta}$ den Totalwerth einer oder mehrerer Perioden des Kettenbruchs z versteht.

Man erhält daher $z = \frac{\gamma z + \gamma^0}{\beta z + \beta^0}$; substituirt man diesen Werth in die Gleichung für x', so kommt:

$$\frac{(p^0 \gamma - p\beta) z + p^0 \gamma^0 - p\beta^0}{(q^0 \gamma - q\beta) z + q^0 \gamma^0 - q\beta^0} = x'.$$

Setzt man

$$p^0 \gamma - p\beta = A, \quad p^0 \gamma^0 - p\beta^0 = B,$$
$$q^0 \gamma - q\beta = A', \quad q^0 \gamma^0 - q\beta^0 = B',$$

so kommt:

$$AB'-A'B=(p^\circ\gamma-p\beta)(q^\circ\gamma^\circ-q\beta^\circ)-(q^\circ\gamma-q\beta)(p^\circ\gamma^\circ-p\beta^\circ)$$
$$=(qp^\circ-pq^\circ)(\gamma^\circ\beta-\gamma\beta^\circ)=\pm 1.$$

Nun kann man β, β° so groß nehmen, daß die beiden Differenzen:

$$\frac{\gamma}{\beta}-\frac{p}{p^\circ} \quad \text{und} \quad \frac{\gamma^\circ}{\beta^\circ}-\frac{p}{p^\circ}=\frac{\gamma}{\beta}-\frac{p}{p^\circ}\pm\frac{1}{\beta\beta^\circ}$$

einerlei Zeichen erhalten. Dieselben nähern sich bei wachsendem β und γ ohne Grenzen beide einem und demselben Werthe: $z-\frac{p}{p^\circ}$. Eben so kann man auch annehmen, daß:

$$\frac{\gamma}{\beta}-\frac{q}{q^\circ} \quad \text{und} \quad \frac{\gamma^\circ}{\beta^\circ}-\frac{q}{q^\circ}$$

einerlei Zeichen haben.

Alsdann haben $A=p^\circ\gamma-p\beta$, $B=p^\circ\gamma^\circ-p\beta^\circ$ und eben so: $A'=q^\circ\gamma-q\beta$, $B'=q^\circ\gamma^\circ-q\beta^\circ$ paarweise gleiche Zeichen, und man erhält daher:

$\pm x'=\frac{Az+B}{A'z+B'}$, in welcher Gleichung A, A', B, B', vier positive ganze Zahlen sind, zwischen welchen die Relation: $AB'-BA'=\pm 1$ statt findet.

Da $\frac{B'}{A'}-\frac{B}{A}=\pm\frac{1}{AA'}$, so werden die beiden positiven Brüche $\frac{B'}{A'}$ und $\frac{B}{A}$ dieselbe größte ganze Zahl n enthalten.

Es sei also $B'=A'n+b'$, $B=An+b$, und b', b positiv und resp. kleiner als A' und A. Substituirt man diese Werthe in dem Ausdrucke $\frac{Az+B}{A'z+B'}$, so kommt: $\pm x=\frac{A(z+n)+b}{A'(z+n)+b'}$, und man hat $Ab'-A'b+\pm 1$.

Setzt man $z+n=z'$ und entwickelt $\frac{Az'+b}{A'z'+b'}$ in einen Kettenbruch, so folgt in diesem auf die Näherungswerthe $\frac{b}{b'}$,

$\frac{1}{z'}$ der vollständige Quotient $z' = n + z$, der positiv und größer als 1 ist. Die Periode von z und mithin auch von $z' = n + z$ ist aber, wie bewiesen, die umgekehrte von y, also hat der Kettenbruch x' die umgekehrte Periode von x. Folglich:

Entwickelt man die beiden Wurzeln x und x' der Gleichung $ax^2 + bx + c = 0$ in Kettenbrüche, so sind diese Kettenbrüche beide periodisch, und zwar hat der Kettenbruch, welcher die zweite Wurzel ausdrückt, die umgekehrte Periode des ersten.

Zusatz. Das eben gefundene Resultat ist von dem Werthe von b unabhängig, und gilt also auch, wenn $b = 0$, oder die gegebene Gleichung $ax^2 + c = 0$ ist. Da nun die beiden, nach der Voraussetzung reellen Wurzeln $\left(\pm\sqrt{\frac{-c}{a}}\right)$ dieser Gleichung nur dem Zeichen nach verschieden sind, und also dieselben Kettenbrüche geben müssen, während zugleich die Periode des einen die umgekehrte des andern sein soll, so müssen die Partialnenner des Kettenbruchs für $\sqrt{\frac{c}{a}}$, von einem entfernten Gliede an rückwärts gelesen, ihre ursprüngliche Periode unverändert wieder ergeben, d. h. der periodische Theil des Kettenbruchs muß auch symmetrisch sein. Das Nähere hierüber findet man Abschn. 9. §. 7.

15. Der angegebene Lehrsatz mag noch durch ein Beispiel erläutert werden.

Die beiden Wurzeln der Gleichung: $6x^2 + 8x - 21 = 0$ sind:

$$+\frac{\sqrt{142} - 4}{6} \text{ und } -\frac{\sqrt{142} + 4}{6}.$$

Man findet nun die Periode des ersten:

$$\frac{\sqrt{142} - 4}{6} = 1 +$$

*) $\frac{\sqrt{142}+10}{7} = 3$

$\frac{\sqrt{142}+11}{3} = 7$

$\frac{\sqrt{142}+10}{14} = 1$

$\frac{\sqrt{142}+4}{9} = 1$

$\frac{\sqrt{142}+5}{13} = 1$

$\frac{\sqrt{142}+8}{13} = 3$

*) $\frac{\sqrt{142}+10}{7} = 3$ etc.

Dagegen findet man für die zweite Wurzel, mit umgekehrtem Zeichen genommen:

$\frac{\sqrt{142}+4}{6} = 2$

$\frac{\sqrt{142}+8}{13} = 1$

$\frac{\sqrt{142}+5}{9} = 1$

$\frac{\sqrt{142}+4}{14} = 1$

$\frac{\sqrt{142}+10}{3} = 7$

$\frac{\sqrt{142}+11}{7} = 3$

$\frac{\sqrt{142}+10}{6} = 3$

*) $\frac{\sqrt{142}+8}{6} = 3$

$\frac{\sqrt{142}+8}{13} = 1$

$$\frac{\sqrt{142}+5}{9} = 1$$

$$\frac{\sqrt{142}+4}{14} = 1$$

$$\frac{\sqrt{142}+10}{14} = 7$$

$$\frac{\sqrt{142}+11}{7} = 3$$

$$\frac{\sqrt{142}+10}{6} = 3 \text{ etc.}$$

Die Periode des Kettenbruchs für $\frac{\sqrt{142}-4}{7}$ enthält also die Partialnenner: 3, 7, 1, 1, 1, 3.

Dagegen findet sich in dem Kettenbruche für $\frac{\sqrt{142}+4}{6}$ die umgekehrte Periode: 3, 1, 1, 1, 7, 3; welche durch Punkte vom Anfang und Ende bezeichnet worden ist.

In den Kettenbrüchen, welche die Wurzeln der Gleichung $3x^2+5x-1=0$ darstellten, (§. 10.), ergab sich eine beiden gemeinschaftliche symmetrische Periode: 1, 5, 1.

Neunter Abschnitt.

Ueber die quadratischen Formen von positiver Determinante.

1. Lehrsatz. Sind zwei quadratische Formen äquivalent, so ist der größte gemeinschaftliche Factor, welchen die drei Coefficienten a, $2b$, c der einen dieser Formen haben, zugleich der größte gemeinschaftliche Factor der Coefficienten der zweiten Form.

Die Richtigkeit dieses Satzes folgt unmittelbar aus dem Begriffe äquivalenter Formen. Sind nämlich zwei Formen F und F' äquivalent, so wird jede Zahl, welche durch F dargestellt werden kann, auch durch F' dargestellt werden, und umgekehrt, jede durch F' darstellbare Zahl auch durch F.

Stellt also die Form F nur solche Zahlen dar, welche den Factor m enthalten, so stellt auch F' nur eben dieselben durch m theilbaren Zahlen dar. Es läßt sich aber leicht einsehen, daß eine Form nur dann lediglich durch m theilbare Zahlen darstellt, wenn ihre Coefficienten a, $2b$, c den gemeinschaftlichen Factor m enthalten.

Dasselbe ergiebt sich auch durch Rechnung. Die beiden äquivalenten Formen seien:

$$(F) \quad ax^2 + 2bxy + cy^2 \text{ und}$$
$$(F') \quad a'x'^2 + 2b'x'y' + c'y'^2.$$

Die Substitution aus F in F' sei: $x = \alpha x' + \beta y'$, $y = \gamma x' + \delta y'$, und $\alpha\delta - \beta\gamma = i = \pm 1$.

Hieraus folgt die Substitution aus F' in F:

$$x' = i\delta x - i\beta y, \quad y' = -i\gamma x + i\alpha y.$$

Durch die Substitution aus F in F' erhält man:

$$a\alpha^2 + 2b\alpha\gamma + c\gamma^2 = a'$$
$$a\alpha\beta + b(\alpha\delta + \beta\gamma) + c\gamma\delta = b'.$$
$$a\beta^2 + 2b\beta\delta + c\delta^2 = c'.$$

Durch die Substitution aus F' in F dagegen

$$a'\delta^2 + 2b'\delta\gamma + c'\gamma^2 = a.$$
$$a'\delta\beta + b'(\alpha\delta + \beta\gamma) + c'\alpha\gamma = b.$$
$$a'\beta^2 + 2b'\alpha\beta + c'\alpha^2 = c.$$

Aus den ersten drei Gleichungen folgt, daß wenn a, $2b$, c durch m theilbar sind, auch a', $2b'$, c' es sein werden; aus den andern das Umgekehrte.

2. Entwickelt man eine Wurzel der Gleichung

$$av^2 + 2bv + c = 0$$

in einen Kettenbruch, so gelten für die hieraus folgenden Näherungswerthe $\frac{p^\circ}{q^\circ}$, $\frac{p}{q}$, und die entsprechenden vollständigen Quotienten $\frac{\sqrt{D} + I_0}{N_0}$, $\frac{\sqrt{D} + I}{N}$, die schon früher angegebenen Gleichungen:

$$pq^0 - qp^0 = i = \pm 1.$$
$$ap^2 + 2bpq + cq^2 = iN.$$
$$app^0 + b(pq^0 + qp^0) + cqq^0 = -iI.$$
$$ap^{0\,2} + 2bp^0q^0 + cq^{0\,2} = -iN_0.$$

Daher wird die quadratische Form: $ax^2 + 2bxy + cy^2$ (F) durch die Substitution: $x = px' + p^0 y'$, $y = qx' + q^0 y'$, in die folgende äquivalente verwandelt:

$$i(Nx'^2 - 2Ix'y' - N_0 y'^2). \quad (F')$$

Aus der periodischen Reihe der vollständigen Quotienten $\frac{\sqrt{D}+I}{N}$ erhält man also eine ebenfalls periodische Reihe von Transformationen (F') der gegebenen quadratischen Form F.

Haben in der Form F die Zahlen a, $2b$, c keinen gemeinschaftlichen Factor, so haben auch N, $2I$, N_0 keinen gemeinschaftlichen Factor.

3. Es sei $\frac{\sqrt{D}+I}{N} = z$ der Werth eines rein periodischen Kettenbruchs, d. h. eines solchen, in dessen Entwickelung z selbst als wiederkehrender vollständiger Quotient erscheint.

Da $z = \frac{\sqrt{D}+I}{N}$, $Nz - I = \sqrt{D}$, so folgt:

$$Nz^2 - 2Iz - \left(\frac{D - I^2}{N}\right) = 0.$$

Man nehme nun, wie bisher an, daß

$$D = I^2 + NN_0; \text{ also}$$

$$1. \quad Nz^2 - 2Iz - N_0 = 0.$$

Man denke sich ferner den Kettenbruch für z bis auf eine oder mehrere Perioden entwickelt, nach welchen der vollständige Quotient z wieder erscheint. Der Totalwerth dieser Perioden, Näherungswerth von z, sei $\frac{\alpha}{\beta}$, der vorhergehende Näherungswerth von z sei $\frac{\alpha^0}{\beta^0}$, so daß $\alpha\beta^0 - \beta\alpha^0 = \pm 1$ und $z = \frac{\alpha z + \alpha^0}{\beta z + \beta^0}$.

Hieraus folgt:

$$2.\quad \beta z^2 - (\alpha - \beta^0) z - \alpha^0 = 0.$$

Die Gleichungen 1. und 2. haben die Wurzel $\frac{+\sqrt{D}+I}{N} = z$ gemein; folglich, wie leicht zu sehen, auch die Wurzel $\frac{-\sqrt{D}+I}{N}$. Beide haben also einerlei Wurzeln, woraus zu schließen, daß

$$\frac{2I}{N} = \frac{\alpha - \beta^0}{\beta}, \quad \frac{N_0}{N} = \frac{\alpha^0}{\beta}, \quad \text{oder}$$

$$\frac{\beta}{N} = \frac{\alpha - \beta^0}{2I} = \frac{\alpha^0}{N_0} \text{ sein muß.}$$

Wird der gemeinschaftliche Werth dieser 3 Brüche, in kleinsten Zahlen gleich $\frac{m}{n}$ gesetzt, so ist einzusehen, daß n ein Factor der drei Zahlen N, $2I$, N_0 sein muß. Haben diese drei Zahlen keinen gemeinschaftlichen Factor, so ist $n = 1$, also $\frac{\beta}{N} = m$ eine ganze Zahl.

4. Es seien nun

$$x^2 - Dy^2 \ (F) \text{ und}$$
$$i(Nx'^2 - 2Ix'y' - N^0 y'^2) \ (F')$$

zwei äquivalente Formen von positiver nicht quadratischer Determinante D, und zwar F' eine von den wiederkehrenden Formen, welche sich durch Entwickelung der Wurzel $\sqrt{D}$ der Gleichung $x^2 - D = 0$ in einen Kettenbruch ergeben (§. 2.).

Ist, wie in §. 3., $\frac{\alpha}{\beta}$ ein Näherungswerth von $\frac{\sqrt{D}+I}{N}$, nach welchem derselbe vollständige Quotient $\frac{\sqrt{D}+I}{N}$ wiederkehrt, und bezeichnet $\frac{\alpha^0}{\beta^0}$ den vor $\frac{\alpha}{\beta}$ vorhergehenden Näherungswerth von $\frac{\sqrt{D}+I}{N}$, so ist:

$$N\alpha^2 - 2I\alpha\beta - N_0\beta^2 = (\alpha\beta^0 - \beta\alpha^0)N.$$

Da die Formen F und F' äquivalent sind, und die Coefficienten 1, 0, $-D$ der ersten keinen andern gemeinschaftlichen Factor haben, als 1, so haben auch N, $2I$, N_0 keinen andern gemeinschaftlichen Factor, und folglich ist, nach §. 3., $\frac{\beta}{N} = m$ eine ganze Zahl.

Multiplicirt man die vorstehende Gleichung mit N, und setzt: $D = I^2 + NN_0$, $\alpha\beta^0 - \beta\alpha^0 = i = \pm 1$, so erhält man

$$(N\alpha - I\beta)^2 - D\beta^2 = iN^2, \quad \text{oder}$$

$$\left(\frac{N\alpha - I\beta}{N}\right)^2 - D\left(\frac{\beta}{N}\right)^2 = i;$$

folglich $(\alpha - Im)^2 - Dm^2 = i = \pm 1$.

Hieraus folgt der sehr wichtige

Lehrsatz. Ist D eine positive ganze Zahl, aber kein vollständiges Quadrat, so ist die Gleichung $x^2 - Dy^2 = +1$ auf unendlich viele Arten durch ganze Zahlen x und y lösbar.

Denn es ward so eben gefunden, daß die Zahlen $\alpha - Im$, m nothwendig einer der beiden Gleichungen

$$x^2 - Dy^2 = +1 \quad \text{oder} \quad x^2 - Dy^2 = -1$$

Genüge leisten.

Die Zahlen α und $m = \frac{\beta}{N}$ können aber unendlich viele verschiedene Werthe erhalten, je nachdem $\frac{\alpha}{\beta}$ den Werth einer, oder zweier, dreier, u. s. w. Perioden des Kettenbruchs für $\frac{\sqrt{D} + I}{N}$ ausdrückt. Wofern alle diese Werthe der Gleichung $x^2 - Dy^2 = +1$ Genüge thun, ist der Satz bewiesen. So oft sie aber die Gleichung $x^2 - Dy^2 = -1$ befriedigen, ist es leicht, daraus Auflösungen der Gleichung $x^2 - Dy^2 = +1$ zu erhalten.

Denn hat man $p^2 - Dq^2 = -1$, so ist

$$(p^2 - Dq^2)^2 = +1,$$

also:

$$(p^2 + Dq^2)^2 - D(2pq)^2 = 1.$$

5. Lehrsatz. Hat die Gleichung

$$ax^2 + 2bxy + cy^2 = N,$$

(in welcher N eine positive oder negative, und $D = b^2 - ac$ eine positive nicht quadratische ganze Zahl) eine Auflösung, so lassen sich aus dieser unendlich viele andere finden.

Die gegebene Auflösung sei $x = p$, $y = q$, so daß

$$1)\quad ap^2 + 2bpq + cq^2 = N.$$

Es seien nun φ und ψ zwei Zahlen, welche der Gleichung $\varphi^2 - D\psi^2 = 1$ Genüge thun, und

$$p_1 = p\varphi - (cq + bp)\psi, \quad q_1 = q\varphi + (ap + bq)\psi,$$

so hat man:

$$2)\quad ap_1^2 + 2bp_1q_1 + cq_1^2 = N.$$

Um dies auf das Leichteste zu beweisen, multiplicire man die Gleichung 1) mit a, so kommt: $(ap + bq)^2 - Dq^2 = aN$. Multiplicirt man diese Gleichung mit der folgenden

$$\varphi^2 - D\psi^2 = 1,$$

so kommt:

$$[(ap + bq)\varphi + Dq\psi]^2 - D[q\varphi + (ap + bq)\psi]^2 = aN.$$

Setzt man also

$$q_1 = q\varphi + (ap + bq)\psi \text{ und}$$

$$ap_1 + bq_1 = (ap + bq)\varphi + Dq\psi,$$

so ergiebt sich:

$$p_1 = p\varphi - (bp + cq)\psi,$$

und zugleich

$$(ap_1 + bq_1)^2 - Dq_1^2 = aN,$$

oder entwickelt:

$$ap_1^2 + 2bp_1q_1 + cq_1^2 = N,$$

w. z. b. w.

Zusatz 1. Um aus einer Auflösung der Gleichung $x^2 - Dy^2 = 1$ unendlich viele abzuleiten, kann man sich des folgenden Verfahrens bedienen.

Es sei $p^2 - Dq^2 = 1$; man setze

$$\varphi + \psi\sqrt{D} = (p + q\sqrt{D})^n,$$

und nehme für n eine beliebige positive ganze Zahl. Entwikkelt man nun die Größe $(p + q\sqrt{D})^n$ nach dem binomischen

Lehrsatz, so enthält die Entwickelung einen rationalen und einen irrationalen, mit dem Factor $\sqrt{D}$ behafteten Theil. Der rationale Theil ist φ, der irrationale, durch $+\sqrt{D}$ dividirt, giebt ψ. Da diese Bestimmung von dem Zeichen von $\sqrt{D}$ unabhängig ist, so hat man nicht allein:

$$\varphi+\psi\sqrt{D} = (p+q\sqrt{D})^n, \text{ sondern auch}$$
$$\varphi-\psi\sqrt{D} = (p-q\sqrt{D})^n.$$

Multiplicirt man diese beiden Gleichungen mit einander, so kommt:

$$\varphi^2-\psi^2 D = (p^2-q^2 D)^n = 1^n = 1.$$

Nimmt man z. B. $n=2$, so ist

$$\varphi+\psi\sqrt{D} = (p+q\sqrt{D})^2 = p^2+2pq\sqrt{D}+q^2 D,$$

folglich:

$$\varphi = p^2+q^2 D, \quad \psi = 2pq.$$

Setzt man $n=3$ so folgt:

$$\varphi+\psi\sqrt{D}=(p+q\sqrt{D})^3=p^3+3p^2q\sqrt{D}+3pq^2D+q^3D\sqrt{D},$$

also:

$$\varphi = p^3+3pq^2 D, \quad \psi = 3p^2q+q^3 D, \text{ und}$$
$$\varphi^2-\psi^2 D = (p^2-q^2 D)^3 = 1.$$

Anmerk. Ist die gegebene Gleichung $p^2-Dq^2=-1$, so erhält man durch die nemlichen Formeln abwechselnd Auflösungen in -1 und in $+1$, je nachdem n ungrade oder gerade ist.

Zusatz 2. Aus den Gleichungen

$$p_1 = p\varphi-(cq+bp)\psi, \quad q_1 = q\varphi+(ap+bq)\psi \quad A)$$

folgt 1) wenn man die erste mit q, die zweite mit p multiplicirt:

$$p_1 q-pq_1 = -N\psi.$$

2) Multiplicirt man die erste mit $ap+bq$, die zweite mit $+(cq+bp)$, so folgt:

$$app_1+b(p_1q+q_1p)+cqq_1 = N\varphi.$$

3) Aus den Gleichungen:

$$q_1 = q(\varphi+b\psi)+ap\psi$$
$$p_1 = p(\varphi-b\psi)-cq\psi$$

erhält man

$$q = (\varphi - b\psi)q_1 - ap_1\psi,$$
$$p = (\varphi + b\psi)p_1 - cq_1\psi,$$

oder

$$q = q_1\varphi - (ap_1 + bq_1)\psi, \quad B)$$
$$p = p_1\varphi + (bp_1 + cq_1)\psi.$$

Aus den Gleichungen A) und B) folgt, daß der größte gemeinschaftliche Factor der Zahlen p und q zugleich der größte gemeinschaftliche Factor von p_1 und q_1 ist. Sind folglich p und q relative Primzahlen, so sind es auch p_1 und q_1, und umgekehrt.

6. Lehrsatz. Ist N eine positive oder negative ganze Zahl, kleiner als $\sqrt{D}$, und die Gleichung

$$ax^2 + 2bxy + cy^2 = N$$

(in welcher $D = b^2 - ac$), in relativen Primzahlen x und y lösbar: so findet man die Auflösung dieser Gleichung durch die Entwickelung einer Wurzel v der Gleichung $av^2 + 2bv + c = 0$ in die Form eines Kettenbruchs.

Beweis. Es seien p und q zwei relative Primzahlen, und zugleich:

$$ap^2 + 2bpq + cq^2 = N,$$

folglich:

$$(ap + bq)^2 - Dq^2 = aN;$$

daher:

$$\left(a\frac{p}{q} + b\right)^2 = D + \frac{aN}{q^2},$$

folglich:

$$\text{entweder } \frac{p}{q} = \frac{+\sqrt{\left(D + \frac{aN}{q^2}\right)} - b}{a},$$

$$\text{oder } \frac{p}{q} = \frac{-\sqrt{\left(D + \frac{aN}{q^2}\right)} - b}{a}.$$

Von diesen beiden Fällen findet, sobald p und q als bekannt vorausgesetzt werden, allemal einer und nur einer Statt, je nachdem $\frac{p}{q}$ sich der Wurzel $\frac{+\sqrt{D}-b}{a}$ oder $\frac{-\sqrt{D}-b}{a}$ annähert. Es sei v die zu $\frac{p}{q}$ gehörige Wurzel, so hat man

$$\pm\left(v-\frac{p}{q}\right)=\frac{\sqrt{D}-\sqrt{\left(D+\frac{aN}{q^2}\right)}}{a}$$

$$=\frac{-N}{q^2\left(\sqrt{D}+\sqrt{\left(D+\frac{aN}{q^2}\right)}\right)}.$$

Setzt man nun (vergl. Abschnitt 8. §. 4.)

$$\pm\left(v-\frac{p}{q}\right)=\frac{\delta}{q^2},$$

so erhält man, abgesehen von den Zeichen, auf welche es hier nicht ankommt,

$$\delta=\frac{N}{\sqrt{D}+\sqrt{\left(D+\frac{aN}{q^2}\right)}}.$$

Die Bedingung, unter welcher $\frac{p}{q}$ ein Näherungswerth von v, ist erfüllt, wenn $\delta<\frac{1}{2}$. Da nun $N<\sqrt{D}$, so ist δ offenbar kleiner als $\frac{1}{2}$, sobald $\frac{aN}{q^2}$ positiv ist.

Ist aber $\frac{aN}{q^2}$ negativ, so kann man den Werth von q so groß nehmen, daß N, welches kleiner ist als $\sqrt{D}$, auch kleiner wird als $\sqrt{\left(D+\frac{Na}{q^2}\right)}$.

Alsdann ist wiederum

$$2N<\sqrt{D}+\sqrt{\left(D+\frac{aN}{q^2}\right)},$$

oder

$$\delta=\frac{N}{\sqrt{D}+\sqrt{\left(D+\frac{aN}{q^2}\right)}}<\tfrac{1}{2}.$$

Folglich ist, sobald die vorgelegte Gleichung eine Auflösung in relativen Primzahlen hat, immer auch möglich, diese Auflösung durch die Anwendung der Kettenbrüche zu finden.

Zusatz. Da die Gleichung $x^2 - Dy^2 = 1$ immer möglich ist, so muß dieselbe auch durch Näherungswerthe von $\sqrt{D}$ aufgelöst werden.

Eben so muß man auch durch die Näherungswerthe von $\sqrt{D}$ die Auflösung der Gleichung $x^2 - Dy^2 = -1$ finden, wenn solche möglich ist.

Und zwar findet man durch die Kettenbrüche alle Auflösungen dieser Gleichungen*). Denn das obige δ hat hier, wo $a = 1$, $N = \pm 1$, den Werth $\dfrac{1}{\sqrt{D} + \sqrt{\left(D \pm \frac{1}{q^2}\right)}}$, welcher immer kleiner als $\frac{1}{2}$ ist.

7. Aus diesem Zusatze folgen einige bemerkenswerthe Eigenschaften des Kettenbruchs, welcher die Quadratwurzel aus einer ganzen Zahl D ausdrückt.

Da nemlich, wenn $p^2 - Dq^2 = \pm 1$, $\frac{p}{q}$ als ein Näherungswerth von $\sqrt{D}$ betrachtet werden kann, so muß der darauf folgende vollständige Quotient $\dfrac{\sqrt{D} + I}{1}$ sein. Man erhält also, wenn $\frac{p^\circ}{q^\circ}$ der vorhergehende Näherungswerth von $\sqrt{D}$ ist,

$$\sqrt{D} = \frac{p\sqrt{D} + pI + p^\circ}{q\sqrt{D} + qI + q^\circ},$$

mithin

$$qD = pI + p^\circ, \quad p = qI + q^\circ.$$

Hieraus folgt $I = \frac{p}{q} - \frac{q^\circ}{q}$, und da $\frac{q^\circ}{q}$ ein ächter Bruch, so ist I die größte in $\frac{p}{q}$, also in $\sqrt{D}$ enthaltene ganze Zahl.

*) Ausgenommen die der Gleichung $x^2 - Dy^2 = 1$ durch die Werthe $x = 1$, $y = 0$.

Dieselbe sei a, so folgt, daß die Partialnenner des Kettenbruchs sind:

$$a,\ a_1,\ a_2,\ a_3,\ \ldots\ a_n,\ 2a,\ a_1,\ a_2,\ \ldots \text{ etc.}$$

Setzt man ferner

$$pa + p^\circ = p',\quad qa + q^\circ = q',$$

so folgt

$$\sqrt{D} = \frac{p\sqrt{D} + p'}{q\sqrt{D} + q'},\quad qD = p',\quad p = q'.$$

Ist nun $\frac{p'}{q'}$ der Werth des Kettenbruchs

$$a + \cfrac{1}{a_1 + \cfrac{1}{a_2 + \ldots + \ldots \cfrac{1}{a_n + \cfrac{1}{a}}}},$$

so ist nach §. 6. Abschn. 8. der Werth des umgekehrten Kettenbruchs $\frac{p'}{p}$. Da nun $p = q'$, so ist der Kettenbruch symmetrisch, d. h. $a_1 = a_n$, $a_2 = a_{n-1}$, etc. Als Beispiel siehe §. 9. Abschnitt 8 (121).

8. Um die Gleichung $ax^2 + 2bxy + cy^2 = N$ in relativen Primzahlen zu lösen, vorausgesetzt, daß N kleiner als $\sqrt{D}$, entwickele man die Periode des Kettenbruchs einer der beiden Wurzeln v der Gleichung $av^2 + 2bv + c = 0$. Ist die Gleichung lösbar, so findet sich durch die Näherungswerthe innerhalb der Periode die gesuchte Auflösung einmal oder auch mehrmal. Aus jeder in einer Periode vorgefundenen Auflösung lassen sich durch die Formeln in §. 5. unendlich viele andere Näherungswerthe der Wurzeln v ableiten, welche die vorgelegte Gleichung ebenfalls befriedigen.

Es ist noch zu bemerken, daß man nur die Periode einer beliebigen der beiden Wurzeln v zu entwickeln braucht. Denn löst der Näherungswerth $\frac{p_1}{q_1}$, nemlich:

$$1)\quad \frac{p\varphi-(cq+bp)\psi}{q\varphi+(ap+bq)\psi},$$

einer dieser Wurzeln die vorgelegte Gleichung auf, so leistet dies auch die Zahl

$$2)\quad \frac{p\varphi+(cq+bp)\psi}{q\varphi-(ap+bq)\psi},$$

in welcher das Zeichen von ψ verändert ist. Die Zahl 2) muß also Näherungswerth von einer Wurzel v sein (§. 6.). Die Grenzen aber, welchen sich für wachsende φ und ψ die Werthe 1) und 2) annähern, sind:

$$\frac{p\sqrt{D}-(cq+bp)}{q\sqrt{D}+ap+bq} \quad \text{und} \quad \frac{p\sqrt{D}+cq+bp}{q\sqrt{D}-(ap+bp)}.$$

Das Product dieser beiden Zahlen ist:

$$\frac{p^2(b^2-ac)-(cq+bp)^2}{q^2(b^2-ac)-(ap+bq)^2}=\frac{a(ap^2+2bpq+cq^2)}{a(ap^2+2bpq+cq^2)}=\frac{c}{a}.$$

Ihre Summe ist:

$$\frac{2pqD+2(ap+bq)(cq+bp)}{q^2(b^2-ac)-(ap+bq)^2}$$

d. i. $$\frac{2b(ap^2+2bpq+cq^2)}{-a(ap^2+2bpq+cq^2)}=-\frac{2b}{a},$$

und beide sind daher nichts anders, als die Wurzeln der Gleichung:

$$av^2+2bv+c=0.$$

Ist also der Ausdruck 1) ein Näherungswerth der einen Wurzel v, so ist der Ausdruck 2) ein Näherungswerth der andern Wurzel derselben quadratischen Gleichung.

Die Näherungswerthe beider Wurzeln lösen also nur dieselben Gleichungen auf; es ist daher hinreichend, eine dieser beiden Wurzeln zu entwickeln.

Endlich ist es zweckmäßig, die Zahlen φ und ψ so zu nehmen, daß sie zugleich die Gleichung $\varphi^2-D\psi^2=-1$ befriedigen, wofern dieselbe möglich ist. Setzt man also

$\varphi^2 - D\psi^2 = \pm 1$, und sucht alle diejenigen Näherungswerthe $\frac{p}{q}$, welche, innerhalb der ersten Periode des Kettenbruchs liegend, eine der Gleichungen:

$$ap^2 + 2bpq + cq^2 = \pm N$$

befriedigen, so erhält man durch die Formeln des §. 5. für p_1 und q_1 alle möglichen Auflösungen der Gleichung

$$ax^2 + 2bxy + cy^2 = \pm N$$

in relativen Primzahlen.

Man verlangt z. B. die Auflösungen der Gleichung

$$x^2 - 41y^2 = \pm 5.$$

Durch Entwickelung des Kettenbruchs für $\sqrt{41}$ erhält man:

$\sqrt{41}$	6	$\frac{6}{1}$	$6^2 - 41.1^2 = -5,$
$\frac{\sqrt{41}+6}{5}$	2	$\frac{13}{2}$	$13^2 - 41.2^2 = +5,$
$\frac{\sqrt{41}+4}{5}$	2	$\frac{32}{5}$	$32^2 - 41.5^2 = -1,$
$\frac{\sqrt{41}+6}{1}$	12	$\frac{397}{62}$	$397^2 - 41.62^2 = +5,$
$\frac{\sqrt{41}+6}{5}$	2	$\frac{826}{129}$	$826^2 - 41.129^2 = -5,$
$\frac{\sqrt{41}+4}{5}$	2	$\frac{2049}{320}$	$2049^2 - 41.320^2 = +1.$
$\frac{\sqrt{41}+6}{1}$	12	etc.	etc.

Um nun sämmtliche Auflösungen der Gleichung

$$x^2 - 41y^2 = \pm 5$$

zu finden, werde zuerst $\varphi^2 - 41\psi^2 = \pm 1$ gesetzt. Die kleinsten Werthe von φ und ψ sind, wie man aus der obigen Rechnung sieht, $\varphi = 32$, $\psi = 5$, und die übrigen findet man aus der Gleichung:

$$\varphi + \psi\sqrt{41} = (32 \pm 5\sqrt{41})^n.$$

Wendet man nun die Formeln des §. 5. an, so ist $a = 1$,

$b=0$, $c=-41$, also allgemein, da $p=6$, $q=1$,

$$x = 6\varphi + 41\psi,\quad y = \varphi + 6\psi.$$

Hieraus ergeben sich alle möglichen Werthe von x und y. Setzt man zuerst $\varphi=32$, $\psi=-5$, so folgt $x=-13$, $y=2$; hierauf für $\varphi=32$, $\psi=+5$, $x=397$, $y=62$; u. s. w.

Um sämmtliche Auflösungen der Gleichung von der Determinante 86:

$$11x^2-6xy-7y^2=-7$$

zu erhalten, bemerkt man zuerst, daß eine derselben durch die Werthe $x=0$, $y=1$ gegeben wird. Setzt man nun $\varphi^2-86\psi^2=+1$ (da in diesem Falle der Werth -1 nicht Statt findet), so findet sich $\varphi=10405$ und $\psi=1122$. Durch Anwendung der Formeln des §. 5. ergiebt sich, wenn $p=0$, $q=1$, $a=11$, $b=-3$, $c=-7$ substituirt wird:

$$x = 7\psi,\quad y = \varphi-3\psi.$$

Um zu sehen, ob es noch andere Auflösungen giebt, entwickele man die Wurzel $\frac{\sqrt{86}+3}{11}$ bis zur Wiederkehr eines vollständigen Quotienten.

$$\frac{\sqrt{86}+3}{11} = 1+ \qquad 1$$

$$\frac{\sqrt{86}+8}{2} = 8+ \qquad \frac{9}{8}$$

$$\frac{\sqrt{86}+8}{11} = 1+ \qquad \frac{10}{9}$$

$$\frac{\sqrt{86}+3}{7} = 1+ \qquad \frac{19}{17}$$

$$\frac{\sqrt{86}+4}{10} = 1+ \qquad \frac{29}{26}$$

$$\frac{\sqrt{86}+6}{5} = 3+ \qquad \frac{106}{95}$$

$$\frac{\sqrt{86}+9}{1} = 18+ \qquad \frac{1937}{1736}$$

$$\frac{\sqrt{86}+9}{5} = 3 + \quad \frac{5917}{5303}$$

$$\frac{\sqrt{86}+6}{10} = 1 + \quad \frac{7854}{7039}$$

$$\frac{\sqrt{86}+4}{7} = 1 + \quad \text{etc.}$$

$$\frac{\sqrt{86}+3}{11} = 1 + \text{etc.}$$

Es ergeben sich also in der Periode zwei Auflösungen der Gleichung

$$11x^2 - 6xy - 7y^2 = -7,$$

nemlich $x = 10$, $y = 9$, $x = 7854$, $y = 7039$. Von diesen ist die zweite in der obigen Formel enthalten, die erste aber nicht. Aus dieser ergiebt sich allgemein:

$$x = 10\varphi + 93\psi, \quad y = 9\varphi + 83\psi.$$

Um diesen Formeln die nöthige Allgemeinheit zu geben, bemerke man, daß in denselben den Zahlen φ und ψ auch entgegengesetzte Zeichen gegeben werden können. Setzt man z. B. $\varphi = 10405$, $\psi = -1122$, so ergiebt sich aus den zuletzt gefundenen Formeln eine neue Auflösung der vorgelegten Gleichung in nicht sehr großen Zahlen, nemlich $x = -296$, $y = +519$.

Anmerk. Die Gleichung $ax^2 + bxy + cy^2 = \pm N$, in welcher b ungrade, wird auf dieselbe Weise, wie die vorige aufgelöst. Da in diesem Falle $D = \frac{1}{4}(b^2 - 4ac)$ den Divisor 4 enthält, so wird in der Gleichung $\varphi^2 - D\psi^2 = \pm 1$, in welcher $D\psi^2$ eine ganze Zahl sein muß, ψ nothwendig grade sein. Ist nemlich D eine ganze ungrade Zahl, und $\varphi^2 - D\psi^2 = \pm 1$, so ist auch $\varphi^2 - \frac{1}{4}D(2\psi)^2 = \pm 1$. Daher geben die im §. 5. befindlichen Ausdrücke für p_1 und q_1, in welchen b eine ungrade Zahl mit dem Divisor 2 bedeutet, auch in diesem Falle nur ganze Zahlen.

9. Endlich soll die Gleichung

$$ax^2 + 2bxy + cy^2 = \pm N,$$

in welcher N größer als $\sqrt{D}$, in relativen Primzahlen gelöst werden.

Haben die 3 Zahlen a, $2b$, c einen gemeinschaftlichen Factor m, so muß N durch m theilbar sein, und man kann diesen Factor also weglassen.

Ist m grade, so kann, nach Aufhebung dieses Factors, die vorgelegte Gleichung von der Form

$$ax^2 + bxy + cy^2 = \pm N$$

sein, in welcher b ungrade ist.

Beide Formen sind einer gleichmäßigen Behandlung fähig.

In Bezug auf die Gleichung $ax^2 + bxy + cy^2 = \pm N$ sind nun noch zwei Fälle zu unterscheiden, je nachdem nemlich eine der beiden Zahlen x und y einen gemeinschaftlichen Factor mit N hat, oder keinen.

Hat y mit N den gemeinschaftlichen Factor f, so setze man

$$y = fy', \quad N = N'f,$$

alsdann kommt

$$ax^2 + bfxy' + cf^2y'^2 = \pm N'f.$$

Da nun x, als relative Primzahl gegen y, nicht durch f theilbar sein kann, so muß $\frac{a}{f} = a'$ eine ganze Zahl sein.

Man erhält also die Gleichung:

$$a'x^2 + bxy' + cfy'^2 = \pm N',$$

in welcher nicht allein x und y', sondern auch y' und N' relative Primzahlen sind. So viele gemeinschaftliche Factoren also a und N haben, so viele verschiedene Gleichungen erhält man, welche nicht allein in relativen Primzahlen zu lösen sind, sondern in welchen auch y' und N' keinen gemeinsamen Factor mehr haben.

Die Unterscheidung dieser Fälle tritt nicht ein, wenn a und N relative Primzahlen sind, oder wenn man die gegebene Gleichung durch eine Substitution wie $y = y' + mx$ so transformirt, daß sie es werden.

Vorausgesetzt nun, daß a und N, mithin auch y und N relative Primzahlen sind, kann man $x = Nx' + ny$ setzen, indem man die beiden Zahlen x' und n aus dieser Gleichung zu bestimmen hat. Man kann ferner n so nehmen, daß es zwischen die Grenzen $-\frac{1}{2}N$ und $+\frac{1}{2}N$ fällt, was auch x sein möge.

Substituirt man diesen Werth von x, so kommt:
$aN^2x'^2 + 2N(an+b)x'y + (an^2+2bn+c)y^2 = \pm N$, oder, wenn man mit N dividirt,

$$aNx'^2 + 2(an+b)x'y + \left(\frac{an^2+2bn+c}{N}\right)y^2 = \pm 1.$$

Da nun N und y relative Primzahlen sind, so muß $\frac{an^2+2bn+c}{N}$ eine ganze Zahl c' sein. Indem man also für n alle Werthe zwischen $+\frac{1}{2}N$ und $-\frac{1}{2}N$ setzt, welche dieser Bedingung genügen, erhält man eben so viele verschiedene Gleichungen:

$$ax'^2 + bx'y + c'y^2 = \pm 1.$$

Wird jener Quotient für keinen Werth von n, zwischen den angegebenen Grenzen, eine ganze Zahl, so ist die Gleichung unmöglich.

Hat man dagegen eine oder mehrere Gleichungen, wie die vorstehende, erhalten, so sind diese nach der Methode der Kettenbrüche allgemein aufzulösen, und geben alle Lösungen der vorgelegten Gleichung mit Hülfe der Relation:

$$x = Nx' + ny.$$

Endlich wenn die Auflösung dieser Gleichung nicht bloß in relativen Primzahlen geschehen soll, so hat man so viele verschiedene Gleichungen aufzustellen und in relativen Primzahlen zu lösen, als N quadratische Factoren hat. Denn in der Gleichung $ax^2 + bxy + cy^2 = \pm N$ sei $N = N'k^2$; man setze $x = kx'$; $y = ky'$, so kommt:

$$ax'^2 + bx'y' + cy'^2 = \pm N'.$$

11. Bei den Formen, deren Determinante positiv und ein vollständiges Quadrat ist, ist nicht lange zu verweilen. Soll man die Gleichung $ax^2+2bxy+cy^2=N$ auflösen, in welcher $D=b^2-ac=g^2$ ein vollständiges Quadrat ist, so theile man a in zwei Factoren α und β, von welchen der eine die Zahl $b+g$, der andere die Zahl $b-g$ ohne Rest dividirt. Da nemlich

$$ac=b^2-g^2=(b-g)(b+g),$$

folglich $\frac{(b-g)(b+g)}{a}$ eine ganze Zahl ist, so muß es solche Zahlen α und β geben. Nun sei $\frac{b+g}{\alpha}=m$, $\frac{b-g}{\beta}=n$, so folgt: $\alpha m+\beta n=2b$, $mn=c$, $(\alpha x+ny)(\beta x+my)=ax^2+2bxy+cy^2=N$. Indem man also N auf alle mögliche Weise in zwei Factoren e und f theilt, und in jedem Falle die Gleichungen: $\alpha x+ny=e$, $\beta x+my=f$ auflöst, erhält man, wofern sich für x und y ganze Zahlen ergeben, mit Verwerfung der durch dieses Verfahren gefundenen gebrochenen Werthe von x und y, alle Auflösungen der vorgelegten Gleichung.

Die Form $ax^2+2bxy+cx^2$ läßt sich immer auf eine äquivalente Form: $(px+2gy)x$ reduciren, deren letzter Coefficient gleich Null ist, während der erste p positiv und kleiner als $2g$. Es sei nemlich $\frac{-b+g}{a}$ in den kleinsten Zahlen gleich $\frac{e}{k}$, so ist $ae^2+2bek+ck^2=0$. Setzt man nun $kf-eh=1$ und $x=fx'+ey'$, $y=hx'+ky'$, so erhält man eine äquivalente Form $a'x'^2+2b'x'y'+c'y'^2$, in welcher $a'=af^2+2bfh+ch^2$, $c'=ae^2+2bek+ck^2=0$, $b'^2-a'c'=b'^2=b^2-ac=g^2$. Nimmt man in der erhaltenen Form $a'x^2+2gxy$ noch $y=y'+nx$, und bestimmt n so, daß $a'+2gn=p$ positiv und kleiner als $2g$, so erhält man die reducirte Form

$$(px+2gy)x.$$

12. **Aufgabe.** Zwei reducirte Formen von gleicher, positiver, nicht quadratischer Determinante sind gegeben; es soll entschieden werden, ob sie äquivalent sind, oder nicht.

Auflösung. Die beiden gegebenen Formen seien

$$ax^2 + 2bxy - cy^2 \quad (F),$$
$$a'x'^2 + 2b'x'y' - c'y'^2 \quad (F'),$$

ihre Determinante $D = b^2 + ac = b'^2 + a'c'$ eine positive nicht quadratische Zahl, zugleich $2b$ nicht größer als a und c, $2b'$ nicht größer als a' und c'. Es wird ferner angenommen, daß a und c in der Form F, so wie a' und c' in F' gleiche Zeichen haben, wie dies in reducirten Formen dieser Art der Fall ist. Von den beiden Zahlen a' und c' in der Form F' ist eine wenigstens kleiner als $\sqrt{D}$; daher wird vorausgesetzt, daß a' kleiner als $\sqrt{D}$.

Entwickelt man nun eine der beiden gegebenen Formen F und F', z. B. F, so erhält man eine Reihe von Transformationen, welche der Form F sämmtlich äquivalent sind. Eine solche Transformation werde durch das Schema:

$$(pq^\circ - qp^\circ)[Nx^2 - 2Ixy - N_\circ y^2]$$

bezeichnet, in welchem $\frac{p^\circ}{q^\circ}$, $\frac{p}{q}$ zwei auf einander folgende Näherungswerthe einer der Wurzeln v der quadratischen Gleichung:

$$av^2 + 2bv - c = 0$$

vorstellen, und daher $pq^\circ - qp^\circ = i = \pm 1$.

Ferner ist, in Uebereinstimmung mit den oben erhaltenen Resultaten und deren Bezeichnungen:

$$iN = ap^2 + 2bpq - cq^2.$$
$$-iI = app^\circ + b(pq^\circ + qp^\circ) - cqq^\circ.$$
$$-iN_\circ = ap^{\circ 2} + 2bp^\circ q^\circ - cq^{\circ 2}.$$

Die Reihe dieser Transformationen ist periodisch, so daß nach einer Anzahl derselben die vorher da gewesenen in eben der Ordnung unverändert wiederkehren.

Findet sich nun in der Periode dieser Transformationen eine mit F' identische Form F'', so sind F und F' äquivalent.

Findet sich aber eine solche nicht, so sind zwei Fälle möglich. In der Reihe der Transformationen ist nemlich entweder eine

$$Ax^2+2Bxy-Cy^2 \quad (F'')$$

vorhanden, von der Beschaffenheit, daß $A=a'$ (oder auch $-C=a'$), und zugleich $B\equiv+b'$ oder $B\equiv-b'$, mod. a'; oder es ist eine solche nicht vorhanden. Je nachdem die Form F'' vorhanden oder nicht vorhanden ist, sind die Formen F und F' äquivalent oder nicht äquivalent.

Sind nemlich die beiden Formen F und F' äquivalent, so giebt es eine äquivalente Substitution aus F in F'; dieselbe sei $x=px'+\pi y'$, $y=qx'+ky'$, in welchen Gleichungen die vier Zahlen p, q, π, k so beschaffen sind, daß $pk-q\pi=\pm1$. Durch diese Substitution ergiebt sich:

1) $ap^2+2bpq-cq^2=a'$,

2) $ap\pi+b(pk+q\pi)-cqk=b'$.

Da nun $a'<\sqrt{D}$, so ist $\frac{p}{q}$ ein Näherungswerth von einer der Wurzeln v der Gleichung $av^2+2bv-c=0$. (§. 6.).

Es sei der vorhergehende Näherungswerth von v: $\frac{p^\circ}{q^\circ}$, mithin $pq^\circ-qp^\circ=i=\pm1$,

3) $app^\circ+b(pq^\circ+qp^\circ)-cqq^\circ=B$.

Da $pq^\circ\equiv i$, mod. q und $qk\equiv\pm i$, mod. q, so ist $q^\circ\equiv\pm k$, mod. q, also $q^\circ=nq\pm k$, woraus zugleich folgt daß $p^\circ=np\pm\pi$.

Substituirt man diese Werthe von q° und p° in 3), so erhält man mit Rücksicht auf 1) und 2):

$na'\pm b'=B$, also $B\equiv+b'$, oder $B\equiv-b'$, mod. a'.

In der Reihe der Transformationen von F findet sich also, wenn F und F' äquivalent sind, nothwendig eine Form F'', welche in Bezug auf F' die angegebenen Eigenschaften hat. Diese Form F'' ist nach §. 7. Abschnitt 6. äquivalent mit F'. Das Dasein der Form F'' giebt also das hinreichende Kennzeichen von der Aequivalenz der vorgelegten Formen F und F'.

Anmerk. Um die Form F'' auf F' zu bringen, setze man $x = x' - ny'$, $y = y'$, und nehme n der zunächst an $\frac{B}{a'}$ liegenden ganzen Zahl, mithin dem obigen n gleich. Denn es war oben $na' \pm b' = B$, also $n \pm \frac{b'}{a'} = \frac{B}{a'}$, und nach der Voraussetzung $\frac{b'}{a'}$ nicht größer als $\frac{1}{2}$.

Durch diese Substitution geht die Form F'' über in

$$a'x'^2 + 2(B - a'n)x'y' - (C + 2Bn - a'n^2)y'^2,$$

d. h. in die Form $a'x'^2 \pm 2b'x'y' - c'y'^2$, welche mit F' einerlei ist.

Beispiel. Man soll entscheiden, ob die beiden reducirten Formen von der Determinante 15, nemlich:

$$2x^2 + 2xy - 7y^2 \quad \text{und} \quad 5x^2 - 3y^2$$

äquivalent sind.

Entwickelt man die Wurzel $\frac{\sqrt{15} - 1}{2}$ der Gleichung $2v^2 + 2v - 7 = 0$ in einen Kettenbruch, so erhält man:

$$\frac{\sqrt{15}-1}{2} = 1 + \qquad 1$$

$$\frac{\sqrt{15}+3}{3} = 2 + \qquad \frac{3}{2}$$

$$\frac{\sqrt{15}+3}{2} = 3 + \qquad \frac{10}{7}$$

$$\frac{\sqrt{15}+3}{3} = 2 +$$

Hieraus ergiebt sich die Periode der Transformationen:

$$+(2x^2 + 2xy - 7y^2)$$
$$-(3x^2 - 6xy - 2y^2)$$
$$+(2x^2 - 6xy - 3y^2)$$
$$-(3x^2 - 6xy - 2y^2)$$

Vergleicht man die letzte dieser Formen mit $5x^2 - 3y^2$, oder, wenn man x mit y vertauscht, $-3x^2 + 5y^2$, so ist $a' = A = -3$, und $+6 \equiv 0$, mod. 3. Also sind die vorgelegten

Formen äquivalent. Setzt man $x = x' + y$, so geht die Form $-3x^2 + 6xy + 2y^2$ über in $-3x'^2 + 5y^2$.

Anmerk. Jede Form wie $ax^2 \pm 2axy + cy^2$ reducirt sich sogleich auf:

$$a(x \pm y)^2 + (c - a)y^2.$$

13. Um ein anderes Beispiel zu geben, sollen jetzt sämmtliche, nicht äquivalente reducirte Formen von der Determinante 21 aufgestellt werden. Es muß also sein:

$$ac + b^2 = 21; \quad b < \sqrt{\tfrac{21}{5}}; \quad b = 0, 1, 2.$$

$$1) \quad b = 0 . ac = 21.$$
$$2) \quad b = 1 . ac = 20.$$
$$3) \quad b = 2 . ac = 17.$$

1) Für $b = 0$ ergeben sich durch die Zerlegung der Zahl 21 die reducirten Formen:

$$\pm(x^2 - 21y^2); \quad \pm(3x^2 - 7y^2).$$

2) Für $b = 1$, $ac = 20$ ergeben sich die Formen:

$$\pm(2x^2 + 2xy - 10y^2), \quad \pm(5x^2 - 2xy - 4y^2).$$

3) Für $b = 2$ darf weder a noch c kleiner als 4 sein; da nun $ac = 17$, so ist unter dieser Voraussetzung keine reducirte Form möglich.

Entwickelt man nun die Periode der Transformationen von $x^2 - 21y^2$, so findet sich dieselbe wie folgt.

$x^2 - 21y^2$		Reducirt:
$-(5x^2 - 8xy - y^2)$	. . . . .	$x^2 - 21y^2$
$+(4x^2 - 2xy - 5y^2)$	. . . . .	$4x^2 - 2xy - 5y^2$
$-(3x^2 - 6xy - 4y^2)$	. . . . .	$7x^2 - 3y^2$
$+(4x^2 - 6xy - 3y^2)$	. . . . .	$7x^2 - 3y^2$
$-(5x^2 - 2xy - 4y^2)$	. . . . .	$4x^2 - 2xy - 5y^2$
$+(x^2 - 8xy - 5y^2)$	. . . . .	$x^2 - 21y^2$
$-(5x^2 - 8xy - y^2)$	. . . . .	$x^2 - 21y^2$

Folglich sind die drei Formen $4x^2 - 2xy - 5y^2$, $7x^2 - 3y^2$ und $x^2 - 21y^2$ äquivalent. Dagegen sind die entgegengesetzten Formen $21x^2 - y^2$, $3x^2 - 7y^2$, $5x^2 - 2xy - 4y^2$

untereinander äquivalent; den vorigen drei Formen aber nicht äquivalent.

Daher ist jede quadratische Form von der Determinante 21 einer der beiden folgenden: $x^2 - 21y^2$ und $21x^2 - y^2$, äquivalent.

Da nun jede Primzahl, welche ein Divisor von $x^2 - 21$ ist, durch eine quadratische Form von der Determinante 21 dargestellt wird (Sechster Abschnitt §. 1.), so ist zu schließen: Jede Primzahl, welche ein Divisor von $x^2 - 21$ ist, ist entweder von der Form $x^2 - 21y^2$ oder $21x^2 - y^2$.

So ist z. B. $14^2 - 21.3^2 = 7$; $188^2 - 21.41^2 = 43$.

Vermöge des Theorems der Reciprocität kann man aber die Formen der Primzahlen finden, welche Divisoren von $x^2 - 21$ sind. Dieselben genügen der Bedingung $\left(\frac{21}{p}\right) = 1$, also $\left(\frac{3}{p}\right) = \left(\frac{7}{p}\right)$; und folglich

$$\left(\frac{p}{3}\right) = \left(\frac{p}{7}\right) = +1 \text{ und } \left(\frac{p}{3}\right) = \left(\frac{p}{7}\right) = -1.$$

Hierdurch erhält man die Primzahlen von der Form

$21n + 1$, 4, 16 und $21n + 5$, 17, 20.

Da nun jedes Quadrat, wenn es nicht durch 3 theilbar ist, von der Form $3n + 1$ ist, so kann die Form $x^2 - 21y^2$ nur Primzahlen $3n + 1$ enthalten, dagegen $21x^2 - y^2$ nur Primzahlen $3n + 2$.

Folglich ist zu schließen: Jede Primzahl $21n + 1$, 4, 16 ist von der Form $x^2 - 21y^2$.

Jede Primzahl $21n + 5$, 17, 20 ist von der Form $21x^2 - y^2$.

Wie dieses Beispiel zeigt, lassen sich durch Verbindung der Theorie der quadratischen Formen und des Satzes der Reciprocität merkwürdige Sätze über die Formen der Primzahlen finden, von welchen eine gegebene Zahl D (die Determinante) quadratischer Rest ist, und welche daher Divisoren von $x^2 - D$ sind.

Die Wichtigkeit dieses Gegenstandes macht es aber nothwendig, denselben ausführlicher darzustellen. Es sollen daher diese Methoden, welche zu den interessantesten der Arithmetik gehören, sammt einigen beispielsweise anzuführenden Ergebnissen derselben, im folgenden Abschnitte zusammengefaßt werden.

Zehnter Abschnitt.

Beziehungen zwischen den quadratischen Formen der Primzahlen und den Resten derselben, bei gegebener Determinante, d. h. den quadratischen und lineären Formen der Primzahlen.

1. Stellt man sämmtliche quadratische Formen der Divisoren von $x^2 - Dy^2$ auf, so sind in diesen alle Divisoren von $x^2 - Dy^2$ enthalten. Die lineären Formen derjenigen Primzahlen, welche Divisoren von $x^2 - Dy^2$ sind, werden aber durch das Gesetz der Reciprocität gefunden. Da nun diese Primzahlen, als Divisoren, in den quadratischen Formen der sämmtlichen Divisoren enthalten sein müssen, so kommt es darauf an, die lineären Formen der ungraden Zahlen zu finden, welche in jeder quadratischen Form der Divisoren enthalten sind. Giebt dann eine oder geben einige dieser quadratischen Formen, mit Ausschluß der andern, lineäre Formen einer gewissen Art, welche man zugleich durch das Theorem der Reciprocität erhalten hatte, so ist jede diesen lineären Formen entsprechende Primzahl, weil sie durch den Satz der Reciprocität gefunden ist, Divisor von $x^2 - Dy^2$, und folglich auch in jener oder in einer von jenen quadratischen Formen enthalten, aus welchen sich die übereinstimmenden lineären Formen der Divisoren ergeben hatten.

2. Aufgabe. Es ist eine reducirte quadratische Form gegeben; man soll die lineären Formen aller derjenigen Primzahlen finden, welche diese Form enthalten kann.

Auflösung. Die gegebene Form F sei

$$ax^2 + 2bxy + cy^2;$$

ihre Determinante D, ein Product aus lauter ungleichen Primzahlen, übrigens positiv oder negativ.

Es sei δ eine Primzahl, Divisor von D, aber weder Divisor von a noch c; man setze $x = x' + my$, so geht die Form F über in die äquivalente:

$$\varphi = ax'^2 + 2(am+b)x'y + (am^2 + 2bm + c)y^2.$$

Da nun $(am+b)^2 - a(am^2 + 2bm + c) = D$, so erhält man:

$$(am+b)^2 \equiv a(am^2 + 2bm + c), \text{ mod. } \delta.$$

Bestimmt man nun m so, daß $am + b \equiv 0$, mod. δ, so erhält man, weil a nicht $\equiv 0$, mod. δ,

$$am^2 + 2bm + c = c' \equiv 0, \text{ mod. } \delta.$$

Hierdurch ist die Form F in eine äquivalente φ verwandelt worden, deren mittler und letzter Coefficient durch δ theilbar sind, während der erste es nicht ist. Um also die Reste zu finden, welche sämmtliche, in der Form F enthaltene Primzahlen nach dem Modul δ lassen können, braucht man nur die Reste der Zahlen:

$$a,\ 4a,\ 9a,\ 16a, \ldots \left(\frac{\delta-1}{2}\right)^2 a, \text{ mod. } \delta,$$

zu suchen. Indem man dieses Verfahren für jeden Primfactor von D wiederholt, findet man die linearen Formen der in F enthaltenen ungraden Zahlen in Bezug auf jeden dieser Factoren, und durch ihre Verbindung die linearen Formen in Bezug auf D.

Anmerk. 1. Hätten in der Form F die Zahlen a und c den gemeinschaftlichen Factor δ, so setze man $m = -1$, und transformire die Form F in φ

$$\varphi = ax'^2 + 2(b-a)x'y + (a - 2b + c)y^2.$$

Da nun vorausgesetzt werden muß, daß die drei Zahlen a, $2b$, c nicht alle einen gemeinschaftlichen Factor haben, so ist $a - 2b + c$ durch δ nicht mehr theilbar.

Man findet dann die Formen der in φ enthaltenen ungraden Zahlen, nach dem Modul δ, aus den Resten c', $4c'$, $9c'$, ... $\left(\frac{\delta-1}{2}\right)^2 c'$, indem man $c' = a - 2b + c$ nimmt.

Ist ferner b durch δ theilbar, so ist es immer auch eine der Zahlen a und c, weil $b^2 - ac \equiv 0$, mod. δ.

Nach der angegebenen Methode erhält man für jeden ungraden Divisor δ von D $\frac{\delta-1}{2}$ verschiedene Reste; ist also $D = \delta\delta'\delta''\delta'''....$, so erhält man, durch Combination, $\frac{\delta-1}{2}.\frac{\delta'-1}{2}.\frac{\delta''-1}{2}$.... verschiedene lineäre Formen für diejenigen ungraden Zahlen, welche Divisoren $x^2 - D$ sein können. Enthält D noch den Factor 2, so daß $D = 2\delta\delta'\delta''....$, so erhält man eben so viele Formen ungrader Zahlen.

Wofern es nöthig ist, bringe man diese sämmtlichen Formen auf den Modulus $4D$, indem man die Reste $= 4n+1$ oder $4n+3$ nimmt, je nachdem die quadratische Form ausschließlich die eine oder die andere Art von ungraden Zahlen enthält.

Hierüber werden im folgenden §. noch die nöthigen Bemerkungen gemacht werden.

Anmerk. 2. Man hat nicht nöthig, sich ganz strenge nach der im §. angegebenen Methode zu richten, indem es im Allgemeinen kürzer sein wird, sogleich die Reste von ax^2, mod. D, zu suchen, wobei für x nur die relativen Primzahlen gegen D von 1 bis $\frac{1}{2}D$ zu setzen sind. Dieses Verfahren setzt aber voraus, daß a eine relative Primzahl gegen D ist. Vergleiche §. 6 dieses Abschnitts.

3. a) Ist die Determinante negativ und von der Form $4n+3$, so erhalten alle quadratischen Formen der ungraden Divisoren von $x^2 + Dy^2$ sowohl ungrade Zahlen $4n+1$ als $4n+3$.

Dasselbe gilt von den Divisoren der Form $x^2 - Dy^2$, wenn D positiv und $4n+1$ ist.

Beweis. Es sei 1) $D = 4n + 1$, und eine quadratische Form der ungraden Divisoren von $x^2 - Dy^2$:

$$ax^2 + 2bxy + cy^2 \quad (F),$$

in welcher $b^2 - ac = D$.

Man kann annehmen, daß einer der beiden Coefficienten a, c, z. B. a, grade ist. Denn wären a und c beide ungerade, so setze man $x = x' + y$; alsdann erhält y^2 nach der Transformation den Coefficienten $a + c$, welcher grade ist. Es soll also $a = 2a'$ sein, daher ist b wegen der Gleichung $b^2 - ac = D$ nothwendig ungrade, und c muß ebenfalls ungrade sein, weil sonst alle Coefficienten der Form F durch 2 theilbar sein, und folglich keine ungrade Zahl darstellen könnten. Da nun b ungrade, so ist $b^2 = 8m + 1$, $D = 4n + 1$, folglich $ac = b^2 - D = 8m - 4n$, also ac durch 4 theilbar, und folglich a durch 4 theilbar.

Daher findet man die Reste, welche $ax^2 + 2bxy + cy^2$ mod. 4, läßt, indem man y die ungraden Werthe 1 und 3 giebt. Diese Reste sind folglich $\equiv 2x + c$ oder $6x + 9c$.

Nun ist $c \equiv 9c$, mod. 4, $6x \equiv 2x$, mod. 4; also sind alle Reste $\equiv 2x + c$, folglich sowohl c als $c + 2$, je nachdem x grade oder ungrade. Ist nun $c \equiv 1$, mod. 4, so ist $c + 2 \equiv 3$, mod. 4; und ist $c + 2 \equiv 1$, so ist $c \equiv -1 \equiv 3$, mod. 4.

Ist 2) $D = 4n + 3$, $ac - b^2 = D$, so muß ebenfalls, wenn a grade ist, b ungrade und a durch 4 theilbar sein. Daher ergeben sich wieder die Reste der Formen F, $\equiv c$ und $\equiv c + 2$, mod. 4, welche den Resten 1 und 3 gleich gelten.

b) Ist dagegen D positiv und $4n + 3$, oder D negativ und $4n + 1$, so kann eine quadratische Form der Divisoren nicht zugleich lineäre Formen beider Arten, $4n + 1$ und $4n + 3$, enthalten.

Beweis. Die quadratische Form der Divisoren von $x^2 - (4n + 3)y^2$ oder $x^2 + (4n + 1)y^2$ sei

(F) $2ax^2 + 2bxy + cy^2$,

wo c ungrade ist.

1) Ist $D = 4n + 1$ und negativ, so ist $2ac - b^2 = D$. Alsdann ist b nothwendig ungrade, und $2ac = b^2 + D = 4n + 2$; also a ungrade.

2) Ist $D = 4n + 3$, $b^2 - 2ac = D$, so ist wieder b ungrade, und $2ac = b^2 - D = 8m + 1 - (4n + 3) = 4n + 2$; folglich a ebenfalls ungrade.

Wenn nun in der Form (F) a ungrade ist, so wie b und c, so findet man für die Reste, welche die in F enthaltenen ungraden Zahlen mod. 4 lassen, die Form: $2x^2 + 2x + c$, indem man die Vielfachen von 4 wegläßt.

Ist nun x grade, so findet sich der Rest c, ist x ungrade, so findet sich der Rest c ebenfalls.

Folglich enthält die Form F nur ungrade Zahlen der einen Art, nemlich entweder $4n + 1$ oder $4n + 3$, je nachdem c von der Form $4n + 1$ oder $4n + 3$ ist.

4. Nach dem Inhalte der vorstehenden §. §. kann man also die lineären Formen sämmtlicher Divisoren von $x^2 - D$ finden, indem man sämmtliche, nicht äquivalente quadratische Formen dieser Divisoren aufstellt; und aus denselben die entsprechenden lineären Formen entwickelt. Da angenommen ist, daß D keinen quadratischen Factor enthält, so können die Coefficienten a, $2b$, c einer reducirten Form keinen gemeinschaftlichen Factor haben, außer 2, denn es würde sonst $D = b^2 - ac$ durch ein Quadrat theilbar sein. In so fern man nur diejenigen lineären Formen aus den quadratischen entwickelt, welche ungrade Primzahlen enthalten können, wird es nothwendig sein, eine quadratische Form, deren Coefficienten alle durch 2 theilbar sind, auszuschließen, da dieselbe nur grade Zahlen darstellt; wie auch schon in §. 2. geschehen ist.

Beispiel. In §. 16. des vorigen Abschnitts ward gefunden, daß jeder ungrade Divisor von $x^2 - 21$ in einer der Formen $x^2 - 21y^2$ und $21x^2 - y^2$ enthalten ist.

Um nun die in diesen Formen enthaltenen linearen Formen zu finden, darf man in der ersten derselben dem x nur solche Werthe geben, welche relative Primzahlen gegen 21 sind. Man muß also setzen:

$x \equiv 1, 2, 4, 5, 8, 10, 11, 13, 16, 17, 19, 20, \text{ mod. } 21,$

Schließt man die zweite Hälfte derselben aus, weil z. B. $2^2 \equiv (21-2)^2 \equiv 19^2$, etc., so bleiben für x die Werthe: 1, 2, 4, 5, 8, 10, deren Quadrate nach dem Modul 21 die Reste 1, 4, 16, 4, 1, 16 geben.

Also ist jede Primzahl, Divisor von $x^2 - 21$, wenn sie in der Form $x^2 - 21y^2$ enthalten ist, von einer der Formen $21n + 1, 4, 16$.

Da die Determinante $D = 21$ positiv und $4n + 1$ ist, so enthält jede quadratische Form ungrader Divisoren beide Classen $4n + 1$ und $4n + 3$.

Um also die gefundenen Formen so darzustellen, daß dieselben nur ungrade Zahlen enthalten, genügt es, sie auf den Modul $2.21 = 42$ zu bringen. Man erhält:

$$42n + 1, 25, 37.$$

Die zweite Form ungrader Divisoren war $21x^2 - y^2$. In dieser Form darf y nur Werthe $\equiv 1, 2, 4, 5, 8, 10$, mod. 21, erhalten; und dieselbe giebt daher $y^2 \equiv 1, 4, 16$, also $-y^2 \equiv 5, 17, 20$, mod. 21.

Die Form $21x^2 - y^2$ stellt daher nur ungrade Primzahlen $21n + 5, 17, 20$ oder $42n + 5, 17, 41$, und die Form $x^2 - 21y^2$ nur ungrade Primzahlen $42n + 1, 25, 37$ dar.

Nun ist (vergl. §. 13. Abschnitt 9.) jede Primzahl $42n + 1, 25, 37, 5, 17, 41$ Divisor von $x^2 - 21$, also ist jede solche Primzahl in einer der Formen $x^2 - 21y^2$ und $21x^2 - y^2$ enthalten. Also ist zu schließen: Jede Primzahl $42n + 1, 25, 37$, ist von der Form $x^2 - 21y^2$. Jede Primzahl $42n + 5, 17, 41$ ist von der Form $21x^2 - y^2$.

5. Man verlangt noch die Divisoren von $x^2 + 21y^2$.

Es ist $ac-b^2=21$, $b<\sqrt{\frac{21}{3}}$, $b=0$, $b=1$, $b=2$.

$$b=0,\quad ac=21.$$
$$b=1,\quad ac=22.$$
$$b=2,\quad ac=25.$$

Dies giebt die reducirten Formen:
x^2+21y^2, $3x^2+7y^2$, $2x^2+2xy+11y^2$, $5x^2+4xy+5y^2$, in welchen jeder Divisor von x^2+21y^2 enthalten ist.

Setzt man in die letzte dieser $x=x'-y$, so geht sie über in: $5x^2+5xy+6y^2$, welche an der Stelle der vorigen gebraucht werden soll.

Die lineären Formen der Primzahlen, Divisoren von x^2+21, werden nach dem Satze der Reciprocität gefunden aus der Formel: $\left(\frac{-21}{p}\right)=1$, oder $\left(\frac{-3.7}{p}\right)=1$.

Ist 1) $p=4n+1$, so folgt:

$$\left(\frac{-21}{p}\right)=\left(\frac{3}{p}\right)\left(\frac{7}{p}\right)=1;$$

also entweder

$$\left(\frac{3}{p}\right)=\left(\frac{7}{p}\right)=1 \text{ oder } \left(\frac{3}{p}\right)=\left(\frac{7}{p}\right)=-1.$$

Diese Formen geben:

$$84n+1,\ 5,\ 17,\ 25,\ 37,\ 41.$$

2) $p=4n+3$; $\left(\frac{3}{p}\right)\left(\frac{7}{p}\right)=-1$, $\left(\frac{p}{3}\right)=-\left(\frac{p}{7}\right)$.

Dies giebt $p=84n+31$, 55, 19, 23, 71, 11.

Es ergeben sich daher 4 Gruppen:

1) Zahlen von der Form $4n+1$, $3n+1$, $7n+1$, 2, 4,
d. i. $84n+1$, 25, 37.

2) Zahlen von der Form $4n+1$, $3n+2$, $7n+3$, 5, 6,
d. i. $84n+5$, 17, 41.

3) Zahlen von der Form $4n+3$, $3n+1$, $7n+3$, 5, 6,
d. i. $84n+31$, 55, 19.

4) Zahlen von der Form $4n+3$, $3n+2$, $7n+1$, 2, 4,
d. i. $84+23$, 71, 11.

Von den 4 Formen aber, in denen alle diese Primzahlen enthalten sein müssen, nemlich:

1) $x^2 + 21y^2$,
2) $3x^2 + 7y^2$,
3) $2x^2 + 2xy + 11y^2$,
4) $5x^2 + 6xy + 6y^2$,

enthalten die 1ste und 4te nur ungrade Zahlen $4n + 1$, die 2te und 3te nur ungrade Zahlen $4n + 3$.

Ferner enthalten 1) und 2) nur Zahlen $3n + 1$, dagegen 3) und 4) nur Zahlen $3n + 2$.

Die Formen 1) und 3) enthalten nur Zahlen: $7n + 1$, 2, 4; die Formen 2) und 4) nur Zahlen: $7n + 3$, 5, 6; folglich ist gefunden:

1) die Primzahlen $84n + 1$, 25, 37 sind von der Form: $x^2 + 21y^2$.
2) die Primzahlen $84n + 5$, 17, 41 sind von der Form: $5x^2 + 6xy + 6y^2$.
3) die Primzahlen $84n + 19$, 31, 55 sind von der Form: $3x^2 + 7y^2$.
4) die Primzahlen $84n + 11$, 23, 71 sind von der Form: $2x^2 + 2xy + 11y^2$.

6. Die quadratischen Formen der Divisoren von $t^2 + 105u^2$ ergeben sich, wie folgt:

$$ac - b^2 = 105, \quad b < \sqrt{\tfrac{105}{3}}.$$

1) $b = 0, \quad ac = 105 = 3.5.7$,
2) $b = 1, \quad ac = 106 = 2.53$,
3) $b = 2, \quad ac = 109$,
4) $b = 3, \quad ac = 114 = 2.3.19$,
5) $b = 4, \quad ac = 121 = 11.11$,
6) $b = 5, \quad ac = 130 = 2.5.11$.

In den hieraus zu entwickelnden reducirten Formen darf weder a noch c kleiner sein, als das entsprechende $2b$. Dies giebt die Formen:

1) $b = 0,\quad a = 1,\quad c = 105,$
2) $b = 0,\quad a = 3,\quad c = 35,$
3) $b = 0,\quad a = 5,\quad c = 21,$
4) $b = 0,\quad a = 7,\quad c = 15,$
5) $b = 1,\quad a = 2,\quad c = 53,$
6) $b = 3,\quad a = 6,\quad c = 19,$
7) $b = 4,\quad a = 11,\quad c = 11,$
8) $b = 5,\quad a = 10,\quad c = 13.$

Es ist zweckmäßig, diese 8 Formen so zu schreiben, daß immer einer der Coefficienten a oder c in denselben grade wird *).

Hierdurch wird aus den angeführten Formen der Reihe nach:

1) $x^2 + 2xy + 106y^2,$
2) $3x^2 + 6xy + 38y^2,$
3) $5x^2 + 10xy + 26y^2,$
4) $7x^2 + 14xy + 22y^2,$
5) $2x^2 + 2xy + 53y^2,$
6) $6x^2 + 6xy + 19y^2,$
7) $11x^2 + 14xy + 14y^2,$
8) $10x^2 + 10xy + 13y^2,$

Die Form 7) entsteht aus der ursprünglichen:

$$11x^2 + 8xy + 11y^2$$

durch die Annahme $x = x'y', \ y = -y'$.

7. Um zu erfahren, welche Reste die in den vorstehenden quadratischen Formen enthaltenen ungraden Zahlen nach dem Modulus 420 lassen können, braucht man für diejenige der Größen x und y, deren Quadrat mit ungraden Coefficienten vorkommt, nur ungrade Werthe zu setzen.

Zunächst ergiebt sich daß von den obigen Formen die 1, 3, 5, 8 nur ungrade Zahlen $4n+1$, dagegen die 2, 4, 6, 7 nur ungrade Zahlen $4n+3$ enthalten.

*) Diese Gestalt war den quadratischen Formen schon in § 2. b. gegeben worden.

Ferner ist klar, daß die erste Form: $x^2 + 2xy + 106y^2$ welche sich auch $x^2 + 105y^2$ schreiben läßt, nur Zahlen von den Formen: $3n+1$, $5n+1$, 4 und $7n+1$, 2, 4 enthält.

Alle diese Formen geben zusammen und mit $4n+1$ verbunden den Satz: 1) Jede Primzahl $420n+1$, 109, 121, 169, 289, 361 ist von der Form x^2+105y^2 (oder $x^2+2xy+106y^2$) (cf. §. 10. Abschnitt 3.).

Die Form 3, welche ebenfalls nur Primzahlen $4n+1$ enthalten kann, ist nun noch in Bezug auf die Primzahlen 3, 5, 7 zu betrachten.

Zu dem Ende schreibe man sie $5x^2+21y^2$.

Da x^2 stets von der Form $3n+1$ ist, so enthält diese Form nur Zahlen: $3n+2$, ferner in Bezug auf 5 Zahlen $5n+1$, 4, und in Bezug auf 7 Zahlen congruent 5.1, 5.4, 5.2, d. i. $7n+5$, 6, 3. Daher 2) jede Primzahl $420n+41$, 89, 101, 209, 269, 341 ist von der Form $5x^2+21y^2$.

Die Form 5) $2x^2+2xy+53y^2$ enthält ebenfalls nur ungrade Zahlen $4n+1$. Um sie in Bezug auf die Primzahlen 3, 5, 7 zu untersuchen, dient die Bemerkung, daß man diese Form in eine andere transformiren kann, in welcher der mittlere und der letzte Coefficient durch 3, 5, 7 theilbar ist, während der erste 2 unverändert bleibt. Vergl. §. 1. dieses Abschnitts.

In der That, setzt man statt $x : x' + my$, so kommt die Transformation:

$$2x'^2 + 2(2m+1)x'y + (2m^2+2m+53)y^2.$$

Setzt man nun z. B. $m=1$, so kommt die Form,

$$2x^2+6xy+57y^2.$$

Setzt man $m=2$, so kommt:

$$2x^2+10xy+65y^2.$$

Setzt man $m=3$, so kommt:

$$2x^2+14xy+77y^2.$$

Ohne diese Substitutionen wirklich zu machen, brauchte man nur die Reste zu suchen, welche die Zahl $2x^2$ nach den mod. 3, 5, 7 lassen kann. Die Formen, welche hieraus folgen, sind:

$$3n+2, \quad 5n+2, 3, \quad 7n+2, 1, 4.$$

Also: 3) Jede Primzahl $420n+53$, 113, 137, 197, 233, 317 ist von der Form: $2x^2+2xy+53y^2$.

Die 8te Form: $10x^2+10xy+13y^2$ enthält ebenfalls nur Zahlen $4n+1$. In Bezug auf den Modul 5 kann diese Form nur Zahlen $5n+3$, $5n+2$ enthalten.

Um die Form in Bezug auf 3 und 7 zu untersuchen, setze man, statt $x : x+my$, so kommt:

$$10x^2+2(10m+5)xy+(10m^2+10m+13)y^2.$$

Setzt man hier $m=1$, so kommt:

$$10x^2+30xy+33y,$$

woraus hervorgeht, daß die Form nur Primzahlen $3n+1$ enthält.

In Bezug auf den Modul 7 ergiebt sich für $m=3$ die quadratische Form

$$10x^2+70xy+133y^2,$$

und die linearen

$$7n+3, 5, 6.$$

Daher 4): Jede Primzahl $420n+13$, 73, 97, 157, 313, 397 ist von der Form: $10x+10xy+13y^2$

Die Formen 2, 4, 6, 7, welche nur ungrade Zahlen $4n+3$ enthalten, sind:

$$\begin{aligned} &2)\ 3x^2+6xy+38y^2, \\ &4)\ 7x^2+14xy+22y^2, \\ &6)\ 6x^2+6xy+19y^2, \\ &7)\ 11x^2+14xy+14y^2. \end{aligned}$$

Von diesen enthält 2) Zahlen $3n+2$, $5n+3$, 2 und $7n+3$, 5, 6. Also: 5) Jede Primzahl $420n+47$, 83, 143, 167, 227, 383 ist von der Form: $3x^2+6xy+38y^2$ (oder $3x^2+35y^2$).

Beispiel.

$$47 = 3 . \ 4 + 35 . 1,$$
$$83 = 3 . 16 + 35,$$
$$167 = 3 . \ 9 + 35 . 4.$$

Die Form 4) enthält ungrade Zahlen von den Formen:

$3n+1, \quad 5n+2, 3, \quad 7n+1, 2, 4.$

Dies giebt 6) Primzahlen von den Formen:

$420n+43$, 67, 127, 163, 247, 403,

welche von der Form $7x^2+14xy+22y^2$ oder $7x^2+15y^2$ sind. $43=7.4+15$.

Die quadratische Form 6) enthält nur ungrade Divisoren:

$3n+1, \quad 5n+1, 4, \quad 7n+6, 3. 5.$

Also sind 7) alle Primzahlen $420n+19$, 31, 139, 199, 271, 301 in der quadratischen Form: $6x^2+6xy+19y^2$ enthalten. Z. B. $31=19+6+6$.

Endlich sind die in der Form 7) enthaltenen ungraden Primzahlen von der Form: $3n+2$, $5n+1$, 4, $7n+1$, 2, 4.

Folglich 8) die Primzahlen: $420n+11$, 71, 191, 239, 359, 179 sind von der quadr. Form $11x^2+14xy+14y^2$.

$71 = 11.9-14.3+14.1$

$71 = 11.9-14.3.2+14.4$. Vergl. §. 2. Abschnitt 7.

8. Wendet man diese Methoden auf die Determinanten -1, $+2$ an, so erhält man einige Sätze, die ihrer Einfachheit wegen noch hervorzuheben sind.

1) Die reducirten Formen von der Determinante -1 ergeben sich aus der Gleichung $b^2-ac=-1$, nach welcher $b=0$ angenommen werden muß; also $a=c=1$.

Also: Jeder Divisor von u^2+v^2 ist von der Form x^2+y^2; oder: Jeder Divisor einer Summe von 2 Quadraten ist selbst die Summe zweier Quadrate.

Der Divisor x^2+y^2 enthält nur ungrade Zahlen $4n+1$.

Jede Primzahl von der Form $4n+1$ ist Divisor von u^2+1 oder u^2+v^2 (Abschnitt 3. §. 3.).

Jede Primzahl $4n+1$ ist die Summe zweier Quadrate. U ndzwar kann die Zahl nur auf eine Weise in 2 Quadrate zerlegt werden. (Abschn. 6. §. 2.)

2) Die reducirten Formen, der Determinante 2 werden aus der Bedingung $b^2+ac=2$ gefunden. Man erhält: $b=0$, $ac=2$; also sind die reducirten Formen der Divisoren von $u^2-2: x^2-2y^2$ und $2x^2-y^2$.

Diese beiden Formen sind aber äquivalent; denn setzt man: $x=x'-2y'$, $y=x'-y'$, so ist diese Substitution äquivalent, und man erhält:

$$x^2-2y^2 = (x'-2y')^2-2(x'-y')^2 = 2y'^2-x'^2.$$

Jeder Divisor von u^2-2v^2 ist folglich von der Form x^2-2y^2; und da jede Primzahl $8n+1$, $8n+7$ Divisor von u^2-2 ist, so folgt:

Jede Primzahl $8n+1$, $8n+7$ ist von der Form x^2-2y^2.

In Bezug auf die Divisoren von u^2+2 ergiebt sich ebenfalls nur eine reducirte Form x^2+2y^2, welche ausschließlich ungrade Zahlen $8n+1$, $8n+3$ enthält.

Jede Primzahl von einer dieser Formen ist Divisor von x^2+2; also: Jede Primzahl $8n+1$, $8n+3$ ist von der Form x^2+2y^2; und zwar läßt sie sich nur auf eine Weise in diese Form bringen.

9. Diese und die ähnlichen Resultate für die Determinanten 3, 5, 6, 7, 10 sind in der folgenden Tabelle zusammengestellt.

In der ersten Spalte findet sich die gegebene quadratische Form, in der zweiten ihre einfachsten reducirten, nicht äquivalenten quadratischen Divisoren, und in der dritten die linearen Formen derselben, welche sämmtlich mit den durch das Gesetz der Reciprocität zu findenden Formen übereinstimmen.

1.	u^2-2	x^2-2y^2	$8n+1$, $8n+7$.
	u^2-3	x^2-3y^2	$12n+1$.
		$3x^2-y^2$	$12n+11$.
	u^2-5	x^2-5y^2	$20n+1$, 9, 11, 19.
	u^2-6	x^2-6y^2	$24n+1$, 19.
		$6x^2-y^2$	$24n+5$, 23.
	u^2-7	x^2-7y^2	$28n+1$, 9, 25.
		$7x^2-y^2$	$28n+3$, 19, 27.
	u^2-10	x^2-10y^2	$40n+1$, 9, 31, 39.
		$2x^2-5y^2$	$40n+3$, 13, 27, 37.
2.	u^2+1	x^2+y^2	$4n+1$.
	u^2+2	x^2+2y^2	$8n+1$, $8n+3$.
	u^2+3	x^2+3y^2	$6n+1$.
	u^2+5	x^2+5y^2	$20n+1$, 9.
		$2x^2+2xy+3y^2$	$20n+3$, 7.
	u^2+6	x^2+6y^2	$24n+1$, 7.
		$2x^2+3y^2$	$24n+5$, 11.
	u^2+7	x^2+7y^2	$14n+9$, 11.
	u^2+10	x^2+10y^2	$40n+1$, 9, 11, 19.
		$2x^2+5y^2$	$40n+7$, 13, 23, 37.

Jede Zeile dieser Tabelle, welche sich bei Legendre viel weiter fortgesetzt findet, giebt einen interessanten Lehrsatz.

Z. B. jede Primzahl $12n+1$ ist von der Form x^2-3y^2, und jede Primzahl $12n+11$ von der Form $3x^2-y^2$.

Jede Primzahl $6n+1$, d. i. $12n+1$, $12n+7$, ist von der Form x^2-3y^2, u. s. w.

Anwendung der bisher gefundenen Sätze auf mehrere Aufgaben der Arithmetik.

1. Aufgabe. Eine gegebene Zahl in ihre einfachen Factoren zu zerlegen.

Um diese Aufgabe zu lösen, muß man bekanntlich die gegebene Zahl A durch alle Primzahlen, die kleiner sind als $\sqrt{A}$, dividiren. Geht sie durch keine derselben auf, so ist sie eine Primzahl.

Allein je größer die gegebene Zahl ist, desto mehr wird der Versuch mit allen Primzahlen, die kleiner sind als $\sqrt{A}$, weitläufige Rechnungen erfordern. Es ist daher erwünscht, eine Methode zu haben, durch welche man von allen Primzahlen unter $\sqrt{A}$ nach und nach diejenigen ausschließen kann, welche schon wegen ihrer lineären Form in Bezug auf einen gewissen Modulus nicht Divisoren von A sein können, und mit denen daher den Versuch der Division zu machen überflüssig ist.

Um dies sogleich an einem Beispiele zu erklären, soll untersucht werden, ob die Zahl 9461 eine Primzahl ist, oder in welche Primfactoren sie sich zerlegen läßt. Die Quadratwurzel aus dieser Zahl liegt zwischen 97 und 98 und man müßte den Versuch der Division also mit den folgenden Primzahlen machen: 3, 5, 7, 11, 13, 17, 19, 23, 29, 31, 37, 41, 43, 47, 53, 59, 61, 67, 71, 73, 79, 83, 89, 97.

Die Zahl 9461 ist aber $= 9216 + 245 = 96^2 + 5.7^2$; folglich müssen alle Divisoren von 9461, wie aus der Bedingung $\left(\frac{-5}{p}\right) = 1$ folgt, von der Form: $20n + 1, 3, 7, 9$ sein. Es bleiben daher von allen oben genannten Primzahlen nur die folgenden: 3, 7, 23, 29, 41, 43, 47, 61, 67, 83, 89.

Um die Anzahl der noch nöthigen Versuche zu vermindern, suche man für die Zahl 9461 noch eine andere quadratische Form; man findet $9461 = 9409 + 13.4$, also

$$9461 = 97^2 + 13.2^2.$$

Es ist aber gefunden, daß jede Primzahl, Divisor von $t^2 + 13u^2$, von einer der folgenden Formen sein muß, welche sich leicht aus der Bedingung $\left(\frac{-13}{p}\right) = 1$ ergeben:

$$52x + 1,\ 9,\ 17,\ 25,\ 29,\ 49;\ 7,\ 11,\ 15,\ 19,\ 31,\ 47.$$

Hiernach bleiben von den obigen 9 Primzahlen die folgenden übrig: 7, 29, 47, 61, 67, 83; da die Primzahlen 3, 23, 41, 43, 89 von keiner der obigen Formen sind.

Um mehrere quadratische Formen zu finden, welche dienen könnten, noch einige von den zuletzt übrig gebliebenen Primzahlen auszuschließen, kann man die Quadratwurzel aus $D = 9461$ in einen Kettenbruch entwickeln. Denn ist ein vollständiger Quotient dieses Kettenbruchs $\frac{\sqrt{D}+I}{N}$ und der entsprechende Näherungswerth: $\frac{p}{q}$, so ist $p^2 - Dq^2 = \pm N$, also D Divisor von $p^2 \mp N$. Auf diese Art findet man:

$\sqrt{9461} = 97 +$	$\frac{97}{1}$	$97^2 - 9461 . 1^2 = - 52.$
$\frac{\sqrt{9461}+97}{52} = 3$	$\frac{292}{3}$	$292^2 - 9461 . 3^2 = + 115.$
$\frac{\sqrt{9461}+59}{115} = 1$	$\frac{389}{4}$	$389^2 - 9461 . 4^2 = - 55.$
$\frac{\sqrt{9461}+56}{55} = 2$	$\frac{1070}{11}$	$1070^2 - 9461 . 11^2 = + 119.$
$\frac{\sqrt{9461}+54}{119} = 1$	$\frac{1459}{15}$	$1459^2 - 9461 . 15^2 = - 44.$
$\frac{\sqrt{9461}+55}{44} = 3$	etc.	etc
etc.		

Es ist also 9461 ein Divisor von

$$t^2 + 52$$
$$t^2 - 115$$
$$t^2 + 55$$
$$t^2 - 119$$
$$t^2 + 44 \text{ etc.}$$

Wird das letzte dieser Resultate benutzt, so ergiebt sich, daß 9461 ein Divisor von $t^2 + 11.4$ oder von $t^2 + 11u^2$ ist.

Jede Primzahl also, welche in 9461 aufgehn soll, muß ebenfalls ein Divisor von $t^2 + 11u^2$, und daher von einer der folgenden linearen Formen sein, welche aus der Bedingung $\left(\frac{-11}{p}\right) = 1$ folgen:

$$22n+1,\ 3,\ 5,\ 9,\ 15.$$

Unter den Primzahlen: 7, 29, 47, 61, 67, 83 entsprechen diesen Formen nur die beiden folgenden: 47, 67, mit welchen also allein noch der Versuch der Division zu machen ist.

Nun geht aber 9461 weder mit 47 noch mit 67 auf; folglich ist die Zahl 9461 eine Primzahl.

Ein zweites Beispiel gebe die Zahl 2777, welche von der Form $t^2-2u^2\,(53^2-2.2^2)$ ist.

Von den Primzahlen 3, 5, 7, 11, 13, 15, 17, 19, 23, 29, 31, 37, 41, 43, 47 bleiben daher nur die Formen: $8n+1$, $8n+7$ übrig, also: 7, 17, 41, 23, 31, 47.

Ferner ist $2777 = t^2+11u^2\ (t=51,\ u=4)$; also bleiben die Formen: $22n+1$, 3, 5, 91, 15 allein noch übrig, d. i. die Zahlen 23, 47, 31, und da 2777 durch keine derselben theilbar ist, so ist es eine Primzahl.

Die hier angewandte Methode beruht, wie aus den gegebenen Beispielen ersichtlich ist, darauf, daß man entweder die gegebene Zahl selbst in quadratische Formen bringt, oder andere quadratische Formen findet, von welchen die gegebene Zahl ein Divisor ist, also überhaupt Vielfache der gegebenen Zahl auf quadratische Formen bringt. Es versteht sich, daß, wenn die Determinante einer solchen Form einen quadratischen Factor enthält, dieser weggelassen werden kann. Dergleichen Formen lassen sich meist durch Versuche leicht finden. Die Anwendung einer hinreichenden Anzahl derselben ist der Division mit einer großen Menge von Primzahlen weit vorzuziehn. Sie setzt aber, so wie diese, die Kenntniß aller der Primzahlen voraus, welche kleiner sind, als die Quadratwurzel der gegebenen Zahl. Zur Erleichterung derselben ist daher eine Tabelle der Primzahlen nützlich, welche man in der angehängten Tafel bis zur Zahl 2063 fortgesetzt findet.

Eine größere Tafel (bis zu der Primzahl 400031) giebt Vega im zweiten Bande seiner Sammlung mathematischer Tafeln.

2. Es ist hier der Ort noch einige specielle Resultate in Bezug auf Zahlen von gewissen Formen mitzutheilen.

Diese Formen sind $a^n + b^n$ und $a^n - b^n$, in welchen a, b, n ganze Zahlen bedeuten, von denen die beiden ersten auch relative Primzahlen sind. Es lassen sich nemlich allgemein lineäre Formen derjenigen Primzahlen finden, welche Divisoren von $a^n \pm b^n$ sind.

Es sei p eine Primzahl, Divisor der Zahl $a^n \pm b^n$, so ist b nicht theilbar durch p, und man kann daher immer der Congruenz $bx \equiv a$, mod. p, Genüge leisten. Ist also $a^n \equiv \pm b^n$, mod. p, so folgt:

$(bx)^n \equiv \pm b^n$, mod. p, also: $x^n \equiv \pm 1$, mod. p.

Ist also p ein Divisor der Form $a^n \pm b^n$, so muß es auch ein Divisor der Form: $x^n \pm 1$ sein, und man kann sich daher auf die letztere in der folgenden Untersuchung beschränken.

Es sei nun zuerst die Form $x^n + 1$ gegeben, von welcher die Primzahl p ein Divisor sein mag; und man setze $p = 2nz + r$, wo der Rest r kleiner als $2n$ und positiv ist. Da nun $x^n \equiv -1$ und $x^{p-1} \equiv 1$, mod. p, so folgt $x^{2nz+r-1} \equiv x^{r-1} \equiv 1$, mod. p. Ist nun zuvörderst $r = 1$, so ist $x^{1-1} \equiv 1$, mod. p, was auch x sein mag; und der Divisor p ist von der Form $2nz + 1$.

Ist aber r größer als 1, so sei w der größte gemeinschaftliche Factor von n und $r - 1$, $n = n'w$, $r - 1 = r'w$, und $x^{n'w} \equiv -1$, $x^{r'w} \equiv 1$, mod. p.

Da nun n' und r' relative Primzahlen sind, so lassen sich immer 2 Zahlen ν und ϱ finden, so daß $n'\varrho - r'\nu = 1$.

Hieraus folgt: $x^{n'\varrho w} = (-1)^\varrho$, also $x^{r'\nu w + w} \equiv (-1)^\varrho$ und weil $x^{r'w} \equiv 1$, $x^w \equiv (-1)^\varrho$; folglich $(-1)^{n'\varrho} \equiv -1$ und $(-1)^{r'\varrho} = 1$.

Von diesen beiden Bedingungen zeigt die erste,

$$(-1)^{n'\varrho} \equiv -1, \text{ mod. } p,$$

daß n' und ϱ ungrade Zahlen sein müssen; die zweite zeigt dann, daß r' grade ist. Man hat nun $x^w \equiv -1$, mod. p, und erhält hieraus folgenden Satz:

Jede Primzahl p, Divisor von $x^n + 1$, ist entweder von der Form $2nz + 1$ oder wenigstens ein Divisor $x^w + 1$, wo w Quotient von n, dividirt durch eine ungrade Zahl n', ist.

Aus diesem Satze gehen folgende Zusätze hervor:

Zusatz 1. Ist n eine ungrade Primzahl, so ist jeder Divisor von $x^n + 1$ von der Form $2nx + 1$.

Zusatz 2. Ist n eine Potenz von 2, so ist ebenfalls jeder Divisor von $x^n + 1$ von der Form $2nx + 1$.

3. Aehnliche Betrachtungen führen zu ähnlichen Resultaten in Bezug auf die Zahl $x^n - 1$.

Es sei $p = nz + r$, so muß $x^{r-1} \equiv 1$, mod. p, sein.

Also ist entweder $r = 1$, und $p = nz + 1$, oder es ist $r > 1$.

Alsdann sei w der größte gemeinsame Factor von n und $r - 1$, so daß $n = n'w$, $r - 1 = r'w$, und sei $\varrho n' - \nu r' = 1$, $\varrho n - \nu(r-1) = w$; so folgt: $x^n \equiv 1$, $x^{r-1} \equiv 1$, mod. p, also $x^{\varrho n} \equiv 1$, $x^{\nu(r-1)} \equiv 1$, mod. p, und folglich $x^{\varrho n - \nu(r-1)} \equiv 1$, oder $x^w \equiv 1$, mod. p. Also ergiebt sich:

Jede Primzahl p, Divisor von $x^n - 1$, ist entweder von der Form $p = nz + 1$, oder wenigstens ein Divisor $x^w - 1$, wo w ein Factor von n ist.

Zusatz 1. Ist n eine Primzahl, so sind alle Divisoren von $x^n - 1$ von der Form $2nz + 1$, mit Ausnahme der Divisoren von $x - 1$.

Zusatz. 2. Ist n eine Potenz von 2, so ist

$$x^{2^m} - 1 = (x^{2^{m-1}} - 1)(x^{2^{m-1}} + 1).$$

Desgleichen ist $x^{2^{m-1}} - 1 = (x^{2^{m-2}} - 1)(x^{2^{m-2}} + 1)$ u. s. w., also: $x^{2^m} - 1 = (x^{2^{m-1}} + 1)(x^{2^{m-2}} + 1) \ldots$ $\ldots (x^2 + 1)(x + 1)(x - 1)$.

Man hat also in diesem Falle die Divisoren von x^2+1, $4z+1$, hierauf von x^4+1, $8z+1$, von x^8+1, $16z+1$, etc. zu suchen, wenn x eine gegebene Zahl ist. Z. B. es sei $x=2$, und man frägt nach den Divisoren $2^{32}-1$. Es ist $2^{32}-1=(2^{16}+1)(2^8+1)(2^4+1)(2^2+1)(2+1)(2-1)$, also ist $2^{32}-1$ durch 3, 5, 17 theilbar.

Es bleiben also die Zahlen 2^8+1 und $2^{16}+1$ noch zu untersuchen. Die erste ist 257, die zweite: 65537.

Jeder Divisor von 257 muß von der Form $16z+1$ sein, und jeder Divisor von 65537 von der Form $32z+1$.

Unter den Primzahlen von 1 bis $\sqrt{257}$ befindet sich aber eine $16z+1$ nicht; also ist $257=2^8+1$ eine Primzahl.

Ferner finden sich unter den Zahlen von 1 bis $\sqrt{65537}$ (d. i. 256, ...) nur die folgenden von der Form $32z+1$:

33, 65, 97, 129, 161, 193, 225,

unter welchen nur 97 und 193 Primzahlen sind. Es ist aber 65537 weder durch 97 noch 193 theilbar, und also eine Primzahl.

Mithin ist die Zahl $2^{32}-1$ das Produkt folgender Primzahlen:

65537, 257, 17, 5, 3.

Zusatz 3. Da die Zahlen 2^2+1, 2^4+1, 2^8+1, $2^{16}+1$, wie so eben gefunden ist, Primzahlen sind, so hatte man Veranlassung zu der Vermuthung, daß alle Zahlen von der Form $2^{2^m}+1$ Primzahlen sein möchten. Dies wurde namentlich von Fermat behauptet. Allein die Zahl $2^{2^5}+1$ $=2^{32}+1$ ist, wie sich sogleich ergeben wird, keine Primzahl, und daher jene Vermuthung widerlegt.

Sucht man nemlich die Divisoren von $2^{32}+1$, welche von der Form $64z+1$ sein müssen, so findet sich bald unter den Primzahlen von 1 bis 2^{16} (d. i. $256^2=65536$) die Primzahl 641, welche ein Divisor von $2^{32}+1$ ist. In der That ist

$$2^{32}+1=(65536)^2+1=4294967297=6700417\times641.$$

Zerlegung einer Zahl in 4 Quadrate.

1. Sind die beiden positiven oder negativen Zahlen B und C durch die Primzahl p nicht theilbar, so läßt die Größe Bv^2+C, durch p dividirt, wenn man der unbestimmten v alle Werthe von Null bis $\frac{p-1}{2}$ giebt, offenbar $\frac{p+1}{2}$ verschiedene Reste. Denn wären v und v' kleiner als $\frac{1}{2}(p-1)$, $Bv^2+C \equiv Bv'^2+C$, so müßte $v^2 \equiv v'^2$, oder $v \equiv \pm v'$ sein, mod. p, was nicht möglich ist, weil v und v' kleiner als $\frac{p-1}{2}$.

Ebenfalls läßt auch ein Quadrat u^2, wenn dessen Wurzel u alle verschiedenen Werthe von 0 bis $\frac{1}{2}(p-1)$ erhält, $\frac{1}{2}(p+1)$ verschiedene Reste, mod. p.

Lehrsatz. Es ist immer möglich, die unbestimmten Größen des Ausdrucks u^2-Bv^2-C (u und v) so zu wählen, daß derselbe durch p theilbar wird.

Beweis. Unter den $\frac{p+1}{2}$ verschiedenen Resten, welche die Zahlen u^2 und Bv^2+C durch p dividirt lassen, muß es nothwendig wenigstens 2 gleiche geben. Denn wären alle $\frac{p+1}{2}$ Reste von u^2 verschieden von allen $\frac{p+1}{2}$ Resten von von Bv^2+C, so müßten $p+1$ verschiedene Reste bei der Division mit p übrig bleiben können, was nicht der Fall ist.

Lassen nun u^2 und Bv^2+C für gewisse Werthe von u und v, durch p dividirt, gleiche Reste, so ist u^2-Bv^2-C durch p theilbar.

2. Lehrsatz. Jede Primzahl p ist eine Summe von 4 oder weniger Quadraten.

Beweis. Nach dem Lehrsatz des vorigen §. ist es immer möglich, für die unbestimmten Größen u und v solche Werthe zu wählen, die nicht größer sind als $\frac{1}{2}p$ und zugleich

u^2+v^2+1 durch p theilbar machen. Folglich ist es auch möglich, die vier unbestimmten Größen u, v, w, z so zu wählen, daß die Summe ihrer Quadrate $u^2+v^2+w^2+z^2$ durch p theilbar, und jede einzelne der Zahlen u, v, w, z nicht größer als $\frac{1}{2}p$ sei. Dies geschieht in der That, wenn man z. B. $w=1$, $z=0$ setzt, und u, v zweckmäßig bestimmt.

Ob es noch auf andere Weise geschehen kann, ist hier gleichgültig.

Es sei also $pp'=u^2+v^2+w^2+z^2$, und weil u, v, w, z sämmtlich kleiner als $\frac{1}{2}p$ sind, $pp'<\frac{1}{4}p^2$, $p'<\frac{1}{4}p$.

Ist nun $p'=1$, also $p=u^2+v^2+w^2+z^2$, so ist der Lehrsatz bewiesen.

Ist aber $p'>1$, so ist p' Divisor von $u^2+v^2+w^2+z^2$; setzt man nun $u'=u-\alpha p'$, $v'=v-\beta p'$, $w'=w-\gamma p'$, $z'=z-\delta p'$, und nimmt α, β, γ, δ so, daß u', v', w', z' sämmtlich nicht größer als $\frac{1}{2}p'$ sind (also z' und δ gleich Null, wenn $z=0$), so ist p' auch Divisor von $u'^2+v'^2+w'^2+z'^2$, oder $p'p''=u'^2+v'^2+w'^2+z'^2$; und $p''<p'$.

Nun kennt man folgende algebraische Formel, von deren Richtigkeit man sich leicht überzeugt:

$$(u^2+v^2+w^2+z^2)(u'^2+v'^2+w'^2+z'^2)$$
$$=(uu'+vv'+ww'+zz')^2+(uv'-vu'+wz'-zw')^2$$
$$+(uw'-vz'-wu'+zv')^2+(uz'+vw'-wv'-zu')^2.$$

Diese Formel lehrt, daß das Produkt aus 2 Zahlen, deren jede eine Summe von 4 oder weniger Quadraten ist, selbst eine Summe von 4 oder weniger Quadraten ist. Es kann nemlich vorkommen, daß eines, oder einige der im Produkte enthaltenen Quadrate Null sind. Dies ist aber, wie aus der Formel hervorgeht, nicht nothwendig der Fall wenn auch mehrere der Quadrate z, z' in den Factoren Null sind.

Setzt man jetzt in die zuletzt aufgestellte Formel für u', v', w', z' ihre Werthe $u-\alpha p'$, $v-\beta q'$, etc., so erhält man:

$$pp'p'p'' = (pp' - (\alpha u + \beta v + \gamma w + \delta z)p')^2 + (\alpha v - \beta u + \gamma z - \delta w)^2 p'^2 + (\alpha w - \gamma u + \delta v - \beta z)^2 p'^2 + (\alpha z - \delta u + \beta w - \gamma v)^2 p'^2,$$

oder, da sämmtliche Glieder der rechten Seite durch $p'p'$ theilbar sind,

$$pp'' = (p - \alpha u - \beta v - \gamma w - \delta z)^2 + (\alpha v - \beta u + \gamma z - \delta w)^2 + (\alpha w - \gamma u + \delta v - \beta z)^2 + (\alpha z - \delta u + \beta w - \gamma v)^2.$$

Ist nun $p'' = 1$, so ist p in 4 oder weniger Quadrate zerlegt. Ist aber $p'' > 1$, so kann man die Reduction weiter führen und ein neues Vielfaches von p, pp''' finden, welches der Summe von 4 Quadraten gleich ist. Und da man diese Reduction so lange fortsetzen kann, als die Zahlen p''', p^{IV}, ... größer also 1 bleiben, da ferner diese Zahlen eine abnehmende Reihe bilden, so muß man endlich auf eine kommen, welche gleich 1 ist; und mithin p gleich einer Summe von höchstens vier Quadraten finden.

3. Zusatz. Da nun das Product zweier Summen von 4 oder weniger Quadraten selbst eine Summe von 4 oder weniger Quadraten ist, wie die in §. 2. aufgestellte algebraische Formel beweist, so ist klar, daß ein Product aus beliebig vielen gleichen oder ungleichen Primzahlen eine Summe von 4 oder weniger Quadraten ist. Folglich läßt sich allgemein behaupten: Eine gegebene Zahl kann immer in vier oder weniger Quadrate zerlegt werden.

Tafel der Primzahlen von 3 bis 2063.

3	181	421	673	953	1231	1531	1831
5	191	431	677	967	1237	1543	1847
7	193	433	683	971	1249	1549	1861
11	197	439	691	977	1259	1553	1867
13	199	443	701	983	1277	1559	1871
17	211	449	709	991	1279	1567	1873
19	223	457	719	997	1283	1571	1877
23	227	461	727	1009	1289	1579	1879
29	229	463	733	1013	1291	1583	1889
31	233	467	739	1019	1297	1597	1901
37	239	479	743	1021	1301	1601	1907
41	241	487	751	1031	1303	1607	1913
43	251	491	757	1033	1307	1609	1931
47	257	499	761	1039	1319	1613	1933
53	263	503	769	1049	1321	1691	1949
59	269	509	773	1051	1327	1621	1951
61	271	521	787	1061	1361	1627	1973
67	277	523	797	1063	1367	1637	1979
71	281	541	809	1069	1373	1657	1987
73	283	547	811	1087	1381	1663	1993
79	293	557	821	1091	1399	1667	1997
83	307	563	823	1093	1409	1669	1999
89	317	569	827	1097	1423	1693	2003
97	311	571	829	1103	1427	1697	2011
101	313	577	839	1109	1429	1699	2017
103	317	587	853	1117	1433	1709	2027
107	337	593	857	1123	1439	1721	2029
109	347	599	859	1129	1447	1723	2039
113	349	601	863	1151	1451	1733	2053
127	353	607	877	1153	1453	1741	2063
131	359	613	881	1163	1459	1747	
137	367	617	883	1171	1471	1753	
139	373	619	887	1181	1481	1759	
149	379	631	907	1187	1483	1777	
151	383	641	911	1193	1487	1783	
157	389	643	919	1201	1489	1787	
163	397	647	929	1213	1493	1789	
167	401	653	937	1217	1499	1801	
173	409	659	941	1223	1511	1811	
179	419	661	947	1229	1523	1823	

Historische Notiz über die Ausbildung der höheren Arithmetik.

Wenn man den Berichten der Alten, namentlich des Proclus, Glauben schenken darf, so gelangte Pythagoras durch die Entdeckung des nach ihm benannten geometrischen Satzes theils zu dem Begriffe des Irrationalen, theils zu der Aufgabe, mit Vermeidung desselben ein Quadrat in eine Summe von zwei Quadraten zu zerlegen, welche er gelöst haben soll. Seine Schule beschäftigte sich überhaupt viel mit den Eigenschaften der Zahlen, in welchen sie, neben wesentlichen Untersuchungen, auch den Stoff zu mehrern mysteriösen Allegorieen fand.

Abgesehen von dieser, für sich selbst wie für uns dunkeln Vorzeit der Wissenschaften, ist Euklides der älteste Autor, von welchem man eine, mit wissenschaftlicher Strenge durchgeführte Darstellung der Elemente der Arithmetik besitzt. Außer ihm kann noch Eratosthenes als Erfinder der in der Einleitung dieses Buches erwähnten Methode, die Primzahlen durch Ausschließung der zusammengesetzten Zahlen zu finden, genannt werden. Man kennt dieselbe unter dem Namen des cribrum Eratosthenis. — Der bedeutendste unter den alten Arithmetikern, Diophantus der Alexandriner, soll seine quaestiones arithmeticae, nach der angenommenen, doch nicht ganz sichern Meinung, um die Mitte des vierten Jahrhunderts der christlichen Zeitrechnung geschrieben haben. Obgleich sehr scharfsinnig, war er doch von einem wissenschaftlichen Systeme der Arithmetik weit entfernt.

Die neuere Zeit hatte gegen das Alterthum den Vortheil, im Besitz einer erweiterten Algebra und des schon im Mittelalter in Europa bekannt gewordenen indischen Numerations-systemes zu seyn. Als man daher im sechzehnten Jahrhundert die ersten sechs Bücher des Diophantus wieder gefunden hatte, machte die Arithmetik bald große Fortschritte. Die erste Ausgabe des Diophantus besorgte 1575 Xylander; eine bessere gab 1621 der gelehrte Bachet de Meziriac. Derselbe erwarb sich ein Verdienst durch die Auflösung der unbestimmten Gleichungen des ersten Grades, welche er in der ersten Ausgabe seines Buches: problèmes plaisans et délectables qui se font par les nombres, Lyon 1612, ankündigte, und in der zweiten, zwölf Jahre später, mittheilte. Von seinem etwas ältern Zeitgenossen Vieta besitzt man eine arithmetische Abhandlung unter dem Titel: Zetetica. Am meisten aber zeichnete sich in diesem Felde Fermat aus, welcher überhaupt in allen damals bekannten Zweigen der Mathematik die seltene Kraft seines Geistes bewies. Er war Parlamentsrath zu Toulouse und starb 1665. Derselbe erfand, häufig geleitet durch eine glückliche Induction, eine große Menge von Sätzen, welche zum Theil Grundlagen der später ausgebildeten höheren Arithmetik sind. Außer dem im zweiten Abschnitte dieses Lehrbuchs erwähnten Satze gehört ihm die Entdeckung, daß jede Zahl eine Summe von höchstens vier Quadraten, fünf Heptagonalzahlen, sechs Hexagonalzahlen, u. s. w. ist; von welchen Sätzen nur der erste im Laufe dieses Buchs aufgenommen werden konnte. Er bemerkte ferner die Unmöglichkeit vieler unbestimmten Gleichungen in ganzen Zahlen, namentlich der folgenden: $x^n + y^n = z^n$, sobald der Exponent n größer als 2 ist *). Mit ihm wetteiferte Frenicle de Bessi, welcher eine eigenthümliche Methode für unbestimmte Aufgaben besaß, die in der Aus-

*) Ein allgemeiner Beweis dieses Satzes ist noch nicht bekannt. Euler hat ihn für die dritte und vierte, und Dirichlet in Crelle's Journal für die fünfte Potenz bewiesen.

schließung der zur Auflösung nicht dienenden Zahlen bestand. Diese Methode verschaffte ihm bei den damals gewöhnlichen gelehrten Wettstreiten häufige Triumphe.

Angereizt durch die Herausforderungen Fermats und Frenicles beschäftigte sich auch Wallis mit der unbestimmten Analysis, und mit besonderm Erfolge Lord Brounker, welchem Wallis die in seiner Algebra befindliche Auflösung der Gleichung $x^2 - Dy^2 = 1$ zuschreibt. Dieselbe Aufgabe löste auch der Engländer Pell.

In der Folgezeit waren die Mathematiker zu sehr mit den neuen Erweiterungen der Algebra und den Methoden der Differential- und Integral-Rechnung beschäftigt, um ihre Aufmerksamkeit der Arithmetik zu widmen. Als aber jene Entdeckungen einen hohen Grad der Ausbildung erlangt hatten, kam Euler auf die Arithmetik zurück, und verbreitete sich über dieselbe in einer großen Anzahl von Abhandlungen. Er bewies zuerst den von Fermat entdeckten Satz, daß jede Primzahl von der Form $4n+1$ die Summe zweier Quadrate ist, und begründete die Theorie der quadratischen Reste und Formen. Dieselbe wurde von Lagrange durch die Hinzufügung der Begriffe und Methoden der Transformation, Aequivalenz und Reduction wesentlich erweitert. Diesem großen Mathematiker verdankt man auch die allgemeine Auflösung der unbestimmten Gleichungen des zweiten Grades, in ganzen und in gebrochenen Zahlen, und namentlich den Beweis des Satzes, daß die Gleichung $x^2 - Dy^2 = 1$, wenn D eine positive, nicht quadratische Zahl bedeutet, immer lösbar ist; wodurch die früher bekannte Behandlung dieser Gleichungen erst Sicherheit erhielt. Man liest diese Theorien in mehreren Abhandlungen, welche sich in den Denkschriften der Akademie zu Berlin finden, und in den Zusätzen, mit welchen Lagrange die Eulerschen Elemente der Algebra bereichert hat. Die nunmehr ansehnlich erweiterte Wissenschaft faßte Legendre in seinem Essai sur la théorie des nombres, Paris

1799, zusammen, von welchem gegenwärtig (1831) die dritte, sehr vermehrte Ausgabe erschienen ist. Eine in antiker Strenge durchgeführte und durch neue Entdeckungen ausgezeichnete Darstellung der Arithmetik geben die disquisitiones arithmeticae von Gauß, welche im Jahre 1801 herauskamen. Unter andern macht der strenge Beweis des Satzes der Reciprocität ein vorzügliches Verdienst dieses Werkes aus.

Seitdem ist die Wissenschaft durch eine nicht unbedeutende Anzahl neuer Beweise und Resultate bereichert worden, welche sich theils in den Denkschriften verschiedner gelehrten Gesellschaften, theils in mathematischen Zeitschriften, und namentlich in Crelle's Journal für Mathematik befinden. Von diesen neuen Leistungen werden sich diejenigen Leser dieses Buches, welche eine vollständige Kenntniß der Arithmetik zu erlangen wünschen, am besten durch das Studium der Original-Abhandlungen, so wie durch die oben erwähnte neueste Ausgabe der théorie des nombres, unterrichten.

Berichtigungen.

In dem folgenden Verzeichniß sind weniger bedeutende Druckfehler, z. B. welcher statt welchen, und ähnliche, von welcher Art sich mehrere auf den beiden ersten Bogen befinden, nicht angegeben. Die hier angezeigten Fehler bittet man vor dem Lesen zu verbessern.

Seite 3. Z. 16. v. u. lies a und b, und Z. 15. v. u. statt b lies c.
— 6. — 11. v. u. st. p l. q.
— 7. — 13. v. u. st. $+r$ l. $+r'$. Z. 11. v. u. st. r' l. r.
— 8. — 6. v. o. st. den l. dem.
— 10. — 11. v. u. l. die Vielfachen von 9.
— 14. — 4. v. o. streiche von.
— 26. — 7. v. o. st. zwar l. zwei.
— 29. am Ende des Kettenbruchs st. $+\frac{1}{n}$ l. $\frac{1}{p}$.
— — Z. 4. st. $\frac{1}{p}$ l. $\frac{1}{p'}$.
— 30. — 9. v. o. st. Gränze l. Genüge. Z. 13. st. -1 l. $+1$.
— — — 2. v. u. st. mod. 123 l. mod. 132.
— 40. — 6. v. u. st. zum Exponenten 19 l. zu 19.
— 44. — 7. v. u. ist soll zu streichen.
— — — 14. v. u. st. $e y^n$ l. $e^n y^n$.
— 53. — 6. v. o. l. bewiesen st. verwiesen.
— 56. — 6. l. $\frac{p-1}{2} \cdot \frac{q-1}{2}$.
— 59. — 13. v. u. ist $=\left(\frac{2}{23}\right)$ zu streichen.
— 64. — 11. v. u. l. $\gamma\nu+\gamma'$.
— 69. — 3. v. o. st. 79 l. 97 und Z. 4. st. 59, 69 l. 59, 89.
— 78. — 6. v. u. st. als l. also.
— 79. — 11. v. u. l. $qn' \pm \beta$.
— 89. — 4. v. u. st. Zähler l. Zahlen.
— 102. — 12. v. u. st. ν' l. v' und statt u l. u'.
— 123. — 5. v. o. l. $B_n = (a_2 a_3 \ldots . a_n)$.
— 127. — 4. v. o. st. a l. a_n. Z. 4. v. u. st. a_2+y l. a_1+y.
— 129. — 11. v. o. st. be l. bei.
— 134. — 12. v. o. st. D l. N.

Seite 141. Z. 10. v. u. l. $\frac{\sqrt{37}+5}{6}$ und Z. 9. v. u. $\frac{\sqrt{37}+1}{6}$.

— 148. — 3. v. o st. $\frac{\sqrt{142}+10}{14}$ l. $\frac{\sqrt{142}+10}{3}$.

— — — 17. v. u. st. vom l. am.

— 163. — 14. v. o. st. keinen l. nicht.

— 179. — 9. v. u. st. $x'y'$ l. $x'+y'$.

— — in der Anmerkung l. § 3. *b*.

— 180. Z. 11. v. u. st. §. 1. l. §. 2.

FSC
www.fsc.org
MIX
Papier | Fördert gute Waldnutzung
FSC® C083411

Zeitfracht Medien GmbH
Ferdinand-Jühlke-Straße 7
99095 Erfurt, Deutschland
produktsicherheit@kolibri360.de